投资自我

SELF-INVESTMENT

锻造一生的资本，成就最好的自己

畅销3版

[美] 奥里森·马登 / 著
张璘 / 译

中国法制出版社
CHINA LEGAL PUBLISHING HOUSE

马登及其作品

奥里森·斯威特·马登（Orison Swett Marden），20世纪初成功学奠基人之一。他创办的《成功》杂志，影响了一代又一代渴望成功的青年。他的思想充满了乐观主义，他也成了新思想的忠实信徒。马登对当时新思想在大众中的传播产生了巨大影响。

马登出身于寒门，先后进入波士顿大学、哈佛大学学习。在专注写作之前，经营过旅店。

英国作家斯迈尔斯激励了马登从事写作，马登的第一本书《奋力向前》(《伟大的励志书》) 出版于1894年，发行量巨大。1897年他创办了《成功》杂志，1911年该杂志因诸多原因而停办，1918年他再次创办了新的《成功》杂志，在他于1924年去世之前，杂志订户不断增长。

他的书名充分表达了他积极乐观和信心百倍的人生态度。从他1894年出版第一本书，到他1924年去世，平均每年出版两本书，而他去世的时候还有200万字的手稿没有出版。

本书是成功励志导师奥里森·马登创作的一部经典名著。书中从改变心态、培养性格、陶冶情操、社会交际、自我激励、终身学习、磨炼意志、提高演讲和说话能力、打造形象等方面深入阐述了对自我进行投资的要点和方法。

投资自我

Self-investment

《投资自我》深刻揭示了成功人士如何对自我进行投资，从而建立自我成长系统的秘密。本书出版后，还曾被很多公立学校指定为教科书或参考书，不少企业发给员工阅读，在商界、教育界、政界受到普遍欢迎，被誉为“成为社会精英的必读书”，激励了无数青年人奋发向上，修正自我，获取人生的幸福和财富。艾森豪威尔、尼克松、卡特、布什等美国总统，洛克菲勒、比尔·盖茨等商业巨子都曾提到《投资自我》在青少年时期对他们产生的影响。当然，读者对本书也要注意有鉴别有选择地吸收，不应认为所有的话都是正确的。作者毕竟生活在不同的年代和社会环境中，思想观念自然也可能存在一定局限。有鉴别地吸收知识，是我们阅读时应有的态度。

目　录

目 录

第一章

能言善辩

善言谈者必有自己的思想，喜读书，爱思考，擅聆听，从而言之有物。

——沃尔特·司各特爵士[1]

① 苏格兰历史小说家、剧作家、诗人。

查尔斯·威廉·艾略特在任哈佛大学校长期间，曾说过：“要想成为淑女或绅士，有一点是不可或缺的，那就是精擅自己的母语。”

要想给别人留下好的印象，尤其是那些不熟悉我们的人，最好的方式莫过于能说会道了。

能说会道，能够通过言语来引起别人的兴趣，抓住别人的目光，让人自然而然地亲近你，这就意味着你拥有了一项了不起的才艺，一种无与伦比的绝技。这门技术不仅能帮助你给陌生人留下好印象，而且能帮助你交朋友，并使得友谊长存。它能打开封闭的门户，软化冷硬的心灵。它让你无论遇到什么样的人，都会让这些人对你兴趣盎然。它帮助你闯荡世界，帮助你步入上流社会，哪怕你不名一文。

一个会说话的人，和一个懂得多却不会说的人相比，具有太大的优势。他懂得如何把话说得巧妙，能够利用言语的力量让别人一下子就来了兴致。

一个人再怎么精通某项才艺，如果不善言辞，也很难把才艺发挥到极致，更不可能随时随地展示。一个音乐家，不管你多么有才华，不管你练了多少年，不管你付出了多少，假如不善言辞，你的音乐可能只会有寥寥数人聆听或欣赏。

一位歌手，哪怕再优秀，哪怕走遍世界，如果不善言辞，也不见得有机会一展才艺，或是让别人知道自己的专长。但是无论你走到哪里，无论你进入哪一个圈子，也不管你的社会地位如何，你都免不了要说话。

也许你是一位画家，曾经跟随一些大师学习多年，然而除非你天赋异禀，画作被悬挂在沙龙或美术馆内展示，否则你的画作可能很少会被人见到。相反，倘若你口才了得，每个人都会从你开口的那一刹那开始绘制你的人生之卷，每个人都会知道你究竟是会说话还是不会说话。

实际上，你也许多才多艺，但是需要机会才能得到展示和欣赏；你也许有个漂亮的家，拥有不少家当，但是知道这些的人寥寥无几。相反，倘若你善于言辞，与你交谈的人立刻就能领教你的技巧和魅力。

一位曾成功举办新人晚会的社交名流曾这样告诫自己的弟子：“要不停地交谈、交谈。谈什么并不重要，重要的是交谈时一定要轻松愉快。”

这一忠告中蕴含着有益的建议。学会交谈的唯一途径就是交谈。不善交际、缺乏自信的人往往面临一种诱惑，那就是一言不发，静静地聆听他人夸夸其谈。

在社交场合，善于言谈的人总是受到追捧。有些人很受大家欢迎，因为他们很会说话，他们能让大家开心。他们也许有这样或那样的缺点，但是他们很会说话，所以人人都想伴随其左右。

交谈倘若被用作一种教育方式，它就是一种很好的训练力量的方法，但是倘若说话不经头脑，从未想过要把自己的意思表达得更清楚些、更简洁些、更有效些，而只是张家长、李家短地八卦，这样的交谈是不起作用的。

很多年轻人羡慕自己的同伴发展得比自己好，但仍不知悔改，继续把大好时光抛洒在肤浅无聊的八卦上——这样的八卦甚至还够不上逗乐的水准。这样愚蠢的谈话只会让你不断泄气，降低自己的理想和生活标准，因为它只会让人养成不动脑子的习惯。无论是在街头，还是在公共交通工具上，我们总会听到有人在说一些轻浮无聊的话，声音之刺耳，语言之粗俗，不堪入耳！

与其他一切相比，唯有交谈能够直接反映出你究竟是文雅还是粗俗，反映出你到底有无教养。交谈将让你的一切展露无遗。你说什么，你怎么说，都将出卖你的一切秘密，告诉世人你究竟有几斤几两。

在一切才艺或技能中，让人能够不停地使用以达到自己的目的并且给朋友带来欢乐的，莫过于交谈。毫无疑问，语言天赋并非所有人都已经熟练掌握的才艺。

我们大多数人因为不太用心，在谈话时往往表现得很笨拙，也不愿费时费力去学习谈话技巧。我们读得不够多，想得也不够深。在说话时没有技巧，这是因为信口开河总比“三思而后言”容易得多。我们不愿意下功夫让自己的话说得更优雅些，更自如些，更强有力些。

拙于言辞的人总会找借口说“会不会说话是天生的”，从而拒绝下功夫锻炼自己的口才。难道说好的律师、优秀的医生和成功的商人也是天生的吗?事实上，若不下苦功夫，无论是律师、医生还是商人，都走不远。下苦功夫是获得一切有价值的才艺必须付出的代价。

很多人之所以能够进步，主要是因为会说话。能够在交谈中吸引对方的注意，控制住场面，这是一种了不起的力量。不善言辞的人，肚里有货却道不出的人，想不吃亏都难。

我认识一位生意人，此人的口才实在了得，聆听此人高谈阔论简直是一种享受。他的语言流畅清晰、美不胜收，他的用词准确考究、富有品位，因此凡是与之交谈过的人，无不为之倾倒。他一生手不释卷，勤读诗文，把谈话培养成一门艺术。

你也许认为自己家境贫寒，机会渺茫；你也许因为要养家而辍学，没有机会学习自己一心向往的音乐或其他艺术；你也许身处困境而不得逃脱，虽有雄心万丈，却因为现实而痛苦不堪。尽管如此，你仍可以让自己的话语变得有趣，因为你每次说话，都是在练习自己的表达方式。你读的每一本书，与你交谈的每一个对象，倘若语言优美，都会对你有所帮助。

很少有人在开口前认真思考如何表达自己，多数人往往想到什么就说什么。他们不去思考如何把词语组织好，从而使句子美丽简洁、充满力量，让句子的意义一览无余，一个个单词杂乱无序地从他们嘴里冒出，而他们几乎从未想过要把它们排个序，使之井井有条。

我们偶尔也会遇到真正的语言大师，聆听他们讲话让我们愉悦享受，同时不禁让我们纳闷为什么大多数人在交谈中表现得那么糟糕，人与人之间的交流本应该成为艺术中的艺术，我们为什么会把它搞得一塌糊涂？

我有幸遇到过十几位这样的语言大师，让我能够管中窥豹，领略大师超凡的绝技，更让我萌生出一种感觉：在这样的绝技面前，其他的一切都显得不再那么重要。

我曾经去波士顿，到温德尔·菲利普斯[①] 处拜访。他那悦耳的音色，语言自然流淌所表现出的魅力，用词的纯粹和洁净，知识的渊博，表达的纯熟，让我终生难忘。他坐在我旁边的沙发上，像对待老同学一样和我交谈，我感觉从没有听过这么优秀的语言。我曾遇到过好几个拥有这样魔力的人，他们“赋予了谈话以灵魂，让一切聆听谈话的人着迷”。

除哈佛大学的艾略特校长外，玛丽·A. 利弗莫尔[②]、朱莉娅·沃德·豪[③] 和伊丽莎白·斯图亚特·菲尔普斯·沃德[④] 也都拥有这种神奇的魔力。

任何谈话，其质量是关键。我们都认识这样一群人，他们语言考究，表达流畅，让我们印象深刻，但是也仅此而已。他们既不能因其思想而给我们留下印象，也不能激励我们采取行动。在和他们交谈后，我们既不会更有决心完成某件事，也不会更加坚决地想要出人头地。

我们还认识另外一些人，他们言语不多，但是言必有物，让我们听后感

---

① 美国演说家、改革家、律师。

② 美国记者。

③ 美国社会活动家、诗人。

④ 美国小说家。

到力量倍增。

从前，语言艺术的标准要比当下高得多。标准的降低是现代文明条件下完全彻底的革命造成的。从前的人除了话语，几乎没有其他方式来传播自己的思想。各种知识几乎全部通过口头交际来散播。那时候既没有报纸，也没有形形色色的杂志。

在矿产中发现的巨大财富，新发明所打开的新世界，实现雄心壮志的伟大动力，这几样彻底改变了过去这一切。在这个闪电速度时代，在这个拼搏的氛围中，人人都想要攫取财富、谋求地位，于是我们不再有时间深思熟虑，也不再有时间培养交谈的能力。在这个报纸和杂志年代，当每个人只需要花费几分钱就能获得别人花费几千上万元才能采集得来的消息时，我们就会坐下来，埋头读报、看书或浏览杂志。和过去相比，如今对口头交际的需求就没那么大了。

基于同样的原因，演讲术正在成为一种失传的艺术。印刷术变得极其便宜，即使是最贫困的家庭，也只需要花上几块钱就能买到一本书，所买的书要是放在中世纪，就连国王和贵族也不见得买得起。

优秀的演说家已是凤毛麟角。如今很难找到用词考究、能说一口漂亮英语的人，因此聆听这样的人讲话已经成为一种奢侈。

广泛阅读不仅可以开阔眼界，吸收新的思想，而且可以增长词汇，从而对交谈有所裨益。许多人很有想法，但是因词汇贫乏，而不能表达自己的思想。他们缺乏足够的词汇来包装思想，让思想变得吸引人。他们词不达意，只知道一遍又一遍地重复，当他们想找到某个词来准确表达其思想时，却怎么也找不到。

倘若你有心让自己变得精擅言辞，你就得尽量与那些有教养、有文化的人做伙伴。倘若你离群索居，哪怕你受过高等教育，你也会拙于言辞。

有些人，尤其是胆怯害羞的人，他们努力想说点什么，却不知道怎么说，因此感到压抑，感到思想受到压制。对这样的人，我们都很同情。在学校，当众发言常常令羞怯的年轻人痛苦万分。然而很多伟大的演说家初登舞台做当众演讲时，都曾有过类似的经历，常常因为自己的失误或失败而颜面扫地。要想成为优秀的演说家，唯有不断地练习如何有效而优雅地表达自己的思想。

如果你发现自己想表达某种思想时词不达意，因为找不到合适的词语而磕巴，有一点你可以确信，那就是只要你努力，哪怕这次失败了，你的努力也会让你下一次的演讲成功变得更容易些。一个人只要不断尝试，克服羞怯与拘谨，变得挥洒自如、口若悬河，其速度会让人大吃一惊！

我们往往能发现有这么一些人，他们因无法用有趣生动的语言表达自己的观点而处于非常不利的境况。我们发现在一些聚会上，在讨论一些重要问题时，一些相当聪明的人尽管比那些口若悬河、夸夸其谈的人懂得更多，却只是干坐着，一言不发，无法将自己所知道的告诉别人。

一些有大才的人，虽知识渊博，但在聚会上往往表现得像傻瓜；相反，一些肤浅的人却能够吸引在场之人的注意，其原因仅仅是他们懂得如何把自己知道的那点事讲得生动有趣而已。前者离开了熟悉他们的人会四处碰壁，因为无论什么话题，他们都无法谈下去，无法让人欣赏其智慧。

很多人，尤其是学者，似乎其人生最渴望的目标就是尽可能多地将有用信息塞进大脑里。不过和获取信息相比，懂得如何用愉快的方式把知识告诉别人，也同样重要。你也许学问很精深，你也许熟读史书、精通政治，你也许在科学界、文学界或艺术界颇有造诣，但是倘若你的学问不能让人了解，你就永远没有出头之日。

不为人知的内秀也许能够给自己带来某种满足，但是要想得到别人的欣赏和认可，就必须展现出来，用某种吸引人的方法表现出来。璞玉的价值再高，其内在的美也得不到解释和描绘，只有经过打磨抛光，让光线照进其内部，其隐藏的美丽才会显露出来，才会受到欣赏。交谈对于人来说，犹如对美玉进行的加工。打磨本身并不会给美玉增加任何价值，它只不过是将美玉的价值展露出来而已。

如果做父母的对子女进行“放养”，使子女对交谈艺术所蕴含的美妙可能性一无所知或者不屑一顾，这对子女的伤害之大不可估量！在一些家庭，父母往往容忍子女语言粗俗。

锻炼大脑和性格的最佳方法就是不管什么主题，都要努力把话说好，不仅要让人明白，更要让人感兴趣。努力将自己的思想用清晰的语言表达出来，并且要用有趣的方法表达出来，个中大有学问。我们都认识一些很健谈的人，有一些人话说得如此漂亮，可谁都没想到他们并没有上过大学。很多大学毕业生面对一些连高中都没上过但是培养了自我表达艺术的人，甚至自惭形秽，一言不发。

在中学和大学里，学生会学习几年，每天几小时，而会话交谈却是终生课堂的一项培训。很多人都在这一终生课堂中受到了一生最好的教育。

会话交谈可以展现一个人的能力，展现其各种可能性和资源。会话刺激人思考。如果我们能够把话说得漂亮，能够吸引他人并维持其注意力，我们就会更有自信。提高说话的能力可以增强我们的自尊和自信。

在努力将自己的内涵表现出来之前，谁都不知道自己到底拥有什么。一旦表现出来，心灵之路就会被打开，大脑也会变得警觉起来。与善于交谈的人对话，你会感受到来自对方的一种力量，一种从未感受过的力量，却常常能激励你不断进行新的尝试。思想与思想的交流，心灵与心灵的接触，就像两种化学品混合会产生第三种物质一样，产生新的力量。

要想善于交谈，首先得善于聆听。这意味着自己必须乐意接受别人的倾诉。

我们不仅仅不善于言谈，也不善于聆听。我们太过迫不及待，不愿意聆听别人的话语。我们对谈话的人缺乏足够的尊重，不愿意静静聆听，不愿意全神贯注地聆听别人的故事，汲取其中的信息。我们也许会急不可耐地四下张望，看看手表，手指在椅子和桌子上乱画，仿佛已经很不耐烦，急于离开，又或者中途打断别人的话。事实上，社会发展让我们都成了非常着急的人，除了奋勇向前，挤过人群抢到自己想要的位置或财富，我们没有时间做其他的事。我们的生活节奏已经十分紧张，变得很不自然。我们没时间培养优雅的举止和语言。“俏皮话不适合我们。我们没时间。”

现代人的一个显著特点就是焦躁不安，急不可耐。任何事物，凡是不能给我们带来更多生意或者金钱的，凡是无助于我们获得孜孜以求的地位的，都让我们感到厌倦。我们不喜欢与朋友相处，相反，我们将朋友视为社会阶梯上的一个个台阶，他们的价值取决于能否为我们的书籍提供素材，能否给我们带来客户，能否在我们争抢某一位置时助我们一臂之力。

在这些急匆匆的日子到来之前，在这个喜好激动的年代来临之前，能够做一名听众，与他人一起聆听一个聪明人的谈话，被看作一种最大的奢侈。这要好过绝大多数的现代演讲，好过从书中能够寻找到的一切，因为我们从聆听中可以看出一个人的人格，感受到个人风格的魅力，体验一种持久的吸引力，领略到迷人的优秀品格。对于渴望得到教育的人来说，从聪明人的嘴边拾取一言半语，不亚于享受一场盛宴。

如今一切都是“蜻蜓点水”。走在大街上，我们没有时间停下来寒暄一番。有的只是“怎么样”或者“早”，同时猛地一点头，而不是优雅地鞠上一躬。我们无暇顾及优雅和魅力，一切都让位于物质。

我们没有时间来培养优雅的举止，骑士时代的魅力和悠闲几乎已经从我们的文明中消失，一种新的人类随之出现：白天拼命干活，晚上则冲向剧场等娱乐场所。我们既没有时间自娱自乐，也没有时间像古人那样培养自己的幽默和逗笑能力。我们花钱让别人那么做，而自己则坐在台下大笑。我们就像某些大学生，全指望老师让他们通过考试——他们期望花了钱就能得到现成的教育。

生活正变得矫揉造作，充满了不自然。人类把这部机器开得太快，从而摧毁了原先优雅精致的生活。机智、幽默、良好教养带来的种种可能，以及独特个性所具有的魅力，这些对我们来说几乎是可望而不可即的事，即使有，也是凤毛麟角。

我们会话水平下降的原因之一是缺乏同情心。我们太自我，太过专注自己的事，只知道“躲进小楼成一统”，只关注自己的晋升而对他人的兴趣不闻不问。不管是谁，凡是对他人缺乏同情之心的，都不可能成为好的演说家。你唯有能够进入别人的生活，与对方朝夕相处，才能成为好的演说家或听众。

沃尔特·贝赞特[①]过去常常提到一位聪明的女士，此人话虽不多，却以能言会道闻名。她待人热忱，富有同情之心，遇到胆怯害羞的人便会帮助他们将心中最美好的事物说出来，让他们有如回家一般的感觉。她驱散他们的恐惧，这样他们就能把不会向其他人道出的话向她和盘托出。人们认为她不说则已，说则引人注意，因为她有一种魔力，能够把别人身上最美好的东西召唤出来。

你要想让人觉得你很亲切，你就得进入与你交谈之人的生活，搔到他们的痒处。谈到某个话题，不管你对此有多了解，倘若对方毫无兴趣，那么你的努力也会白费。

可惜的是，有时候我们在一些招待会或派对上，难免会看到一些人因为自身的情绪问题而一言不发，显得很无助，完全无法全身心地投入交谈中去。他们满脑子想的全是生意。他们在想如何能够更快些，这样就会有更多的生意、更多的客户、更多的读者，也就能住上更好的房子，他们在想如何才能多露些脸。他们进入不了别人的生活，一旦逮着机会，就大说特说。他们心不

---

① 英国小说家、历史学家。

在焉，冰冷内敛，拒人于千里之外。他们关心的唯有自己和自己的事务。他们感兴趣的只有两件事：一是生意；二是他们自己的小世界。你如果谈论这两件事，他们立马就会感兴趣，但是对你的事、你的生活、你的抱负，或者如何才能帮助到你，他们压根儿不感兴趣。生活在一个自私自利、缺乏同情心的社会，我们的会话水准永远也不会很高。

会说话的人总是很灵活，谈笑风生，并且不会冒犯别人。你要想引起别人的兴趣，就不能讽刺挖苦，也不能揭短。有些人有种特殊的能力，能够触摸到我们身上最美好的部分，但也有些人总是把我们身上糟糕的部分展露出来。后者要么不出现在我们眼前，一旦出现，则必然惹恼我们。还有一些人则可以抚慰我们的一切不适：他们搔到我们的痒处、痛处，能把那些即兴的、甜蜜的、美丽的东西召唤出来。

亚伯拉罕·林肯[①]是位语言大师，不管遇到什么人，他都能够引起对方的兴趣。他的故事和笑话让人感到自在，让人将自己的精神财富展现给他时不会有任何不适。他待人热忱，谈吐风趣，甘愿奉献，所以陌生人总是乐于和他交谈。

像林肯所拥有的那样的幽默感无疑会让谈话能力如虎添翼。不过并非人人都很风趣；如果你缺乏幽默感，强作幽默只会让你显得可笑。

善于交谈的人不会太严肃。不管事实有多重要，他都不会太在意。事实和数据只会让人昏昏欲睡。轻松活泼是绝对必要的。太过沉重的谈话令人疲倦，太过轻松却又令人厌恶。

所以，要想变得善谈，就必须言由心生，活泼、自然、充满同情心；必须展现出善意；必须具有助人为乐的精神，对别人感兴趣的事物，必须全身心投入进去；必须想方设法让别人感兴趣，吸引他们注意。只有温暖的同情，那

① 政治家，美国第 16 任总统。

种真正的朋友之间的同情，才会引起别人的兴趣。倘若你冰冷内敛，拒人千里，缺乏同情，你肯定吸引不了别人的注意。

你必须心胸开阔，大肚有容。心胸狭窄的人永远也不可能精擅言辞。与你的品位格格不入，破坏你的正义感，这样的人永远也引起不了你的兴趣。倘若你把通向内心的道路全都封死，不允许别人靠近，那么也就同时把你的吸引力封死了，你对别人将不再有所帮助，于是乎交谈就会变得敷衍，变得刻板，缺乏生命力和情感。

你必须让听者接近你，打开心胸，展现出开阔自由的性格，展现出开放的思想。你必须有所回应，这样对方才会开放通向其性格的每一条道路，从而让你自由进出其内心。

假如一个人所到之处都很成功，那么其个性和能力中，就应该有某种魔力，可以用有力、高效、风趣的语言把自己的思想表达出来。此人绝不会逮住一个陌生人就把全部家当都摆出来，好显摆自己成就非凡。更大的财富会从他的唇齿间流出，以他独特的方式表现出来。

如果你拙于言辞，哪怕你天赋异禀，哪怕你受过多年教育，哪怕你拥有再漂亮的衣服、拥有再多钱财，你依然会显得很狼狈。

第二章
美化生活

与美化肌肤、形体或举止相比，我们生活中最美的莫过于分享欢乐，而不是分担痛苦。

——拉尔夫·沃尔多·爱默生[1]

① 美国杂文家、演说家、诗人。

当野蛮人入侵古希腊，亵渎古希腊神庙，摧毁古希腊精美的艺术品时，其蛮性似乎也因为无处不在的美感而多多少少得到驯服。没错，野蛮人是打碎了漂亮的雕塑，但是美的精神并没有因此消亡，相反，这种精神改变了野蛮的心，在野蛮人身上唤醒了一种新的力量。古希腊看似被摧毁了，但是催生了古罗马艺术。库克罗普斯[①]为火神[②]锻造武器，伯里克利[③]却为希腊人锻造思想，前者哪是后者的对手。“摧毁古希腊塑像的野蛮人的大棒比不过菲狄亚斯[④]和普拉克西特利斯[⑤]的刻刀。”

在罗马人征服希腊，把艺术品带回罗马前，意大利本无艺术可言。

构成整个意大利艺术基础的是著名的《马头》《法尔内塞公牛》《垂死的角斗士》《拔刺的男孩》。得意大利精美的大理石之助，正是这些雕塑首先唤醒

① Cyclops，希腊神话中居住在西西里岛上的三位风暴之神——Brontes（雷神）、Sterops（电神）和 Arges（霹雳神），它们都属于巨人族，特征是“独眼”，只有额头正中有一只眼睛。这些独眼巨人曾被囚禁于塔耳塔洛斯（地狱下面的深渊）之中，在后来的传说中成为三位出色的铁匠，帮助火和锻冶之神赫菲斯托斯锻造神器，相传宙斯手中的闪电就是由这三位巨人铸造而成的。

② 马登用的是 Vulcan（伍尔坎）。Vulcan 是古罗马神话中的火与锻冶之神。古希腊神话和古罗马神话的众神家族除了名字不同外，几乎一样，所以人们经常会张冠李戴，把希腊神和罗马神混在一起。

③ 古希腊政治家、演说家、名将。

④ 古希腊雕塑家、画家、建筑师。

⑤ 古希腊雕塑家。

了意大利人沉睡的艺术天赋。

很久以前，有人曾问柏拉图[①]："什么是最好的教育？" 柏拉图回答说："最好的教育就是能够给人的身心以至美和至善的教育。"

甜蜜、健康而有力的完美生活，必须得到爱美之心的软化和丰富。

人是心胸开阔的杂食性动物，要想和谐发展，就必须广为猎食，既包括身体所需要的食物，也包括精神食粮。人的饮食中无论缺少哪种元素，其人生必然会有相应的损失、遗漏或羸弱。若缺少了一半食粮，你不能指望他还是个健康健全的人。倘若只给肉体提供营养，却饿其心灵，你怎么可能还指望此人是个均衡协调的人？同样，饿其肉体，只给心灵提供营养，你也不可能指望他在肉体上也像在精神上一样成为巨人。

儿童倘若营养不足，或者营养不够丰富，在大脑、神经或肌肉所需要的物质中，无论缺了哪一种，其发展必然受到相应的影响。倘若营养不能平衡，其长大后，也必然不会匀称均衡。比如，儿童倘若缺钙，就不会有坚强的骨骼，其骨架也因此变弱，骨头变软，人也容易得佝偻病。缺钾或缺钠等电解质，肌肉就会软弱无力，永远也别指望有"擎天之力"[②]。磷为大脑和神经提供营养，缺磷，人的整个机体都会受到伤害——大脑和神经将发育不全，整个人精力不济。

就好像发育中的孩子的饮食必须足够丰富，才能使孩子变得强壮、漂亮、健康一样，成人也需要多种精神食粮来滋养其头脑，使头脑变得强壮、活跃、健康。

我国资源丰富，从而导致整个国家对财富的渴望极其强烈，但是也正因如此，我们也面临着一种危险，即过度专注于物质财富，却牺牲了其他更高

① 古希腊哲学家。

② 原文 the wrestling thews that throw the world，来自英国桂冠诗人阿尔弗雷德 · 丁尼生的诗 "Tomorrow's Fulfillment"（《明天的任务》）。

级、更精致的财富。

我们仅仅锻炼体力和智力是不够的。倘若审美能力，亦即欣赏大自然和艺术中一切美好事物的能力得不到培养，生活就会像一个国家没有了鲜花和鸟语一样，没有了芬芳的气味和甜美的声音，没有了色彩和音乐。强壮也许依旧，但是缺少了那种优雅，那种对其力量进行装饰使之动人的优雅。

造物主并没有用可爱的事物覆盖整个世界，也没有让世界充满音乐，更没有无偿地把大地和海洋之美送到每个人手上。世界之所以充满美丽的事物，全都是因为人。

你若是个男子汉，就不会满足于在自己性格这片丛林中仅仅清理出一小块田地，而让其余部分都荒芜着。对商品的追求，对各种物质的追求，只占我们生活的一小部分，而且常常是自私粗俗的那部分。

若不能欣赏美，面对一幅杰作或落日而不会战栗，面对大自然的美丽而无动于衷，这样的人格是有缺陷的。

野蛮人不懂得欣赏美。他们对装饰情有独钟，但是没有任何证据表明他们拥有审美能力。他们只不过是在服从动物的本能和激情。

随着文明的进步，人类的野心也随之增大，欲求加倍，并且展现出越来越高的能力，直到我们在文明的最高表现形式中发现对美的渴求和热爱得到了高度发展。无论是在人身上，还是在家庭和其他环境中，我们都能发现这种渴求和热爱。

哈佛大学教授查尔斯·艾略特·诺顿是他那个时代最伟大的思想家。他说过，美在培养人类最优秀的品质方面发挥着巨大的作用，人类文明可以用它创造的建筑、雕塑和绘画来衡量。

爱美之心对人的性格有着润物无声的影响，这是其他任何事物都无法替代的。儿童的成长环境倘若充满了铜臭，缺少美，误导孩子认为人生最重要的就是挣钱、买房子，而不是让自己更具男子气概、更有贵气、更甜更美，那么对这个孩子来说，这就是最不幸的事。

在头脑处在可塑阶段，任何影响，无论好坏都会使之改变的时候，通过虚假的训练，使年轻人从上帝安排的轨道上脱离，让他远离精神中心，奔向物质目标，这是多么残忍的事啊！

儿童应该尽可能在美、艺术和自然中成长。任何能够吸引他们注意美丽事物的机会都不容错过。只有这样，他们的生活才会变得丰富，而这份财富是他们在随后的岁月中，无论用多少金钱也买不来的。

倘若我们从小就能培养自己的艺术天赋，养成更纯洁的品位，锻炼更细腻的情感，培育对一切美好事物的热爱，那将会是一件多么惬意的事啊！

与培养欣赏美的品位相比，再没有更好的投资了！这是因为，这样做可以给我们的一生带来彩虹的颜色和无尽的欢乐。这样做不仅可以让我们变得更快乐，而且可以提高我们的效率。

美能使人变得高尚典雅，其中一个著名的例子就是芝加哥的一位女老师。她为学生在学校里设立了一个“美之角”。彩色玻璃窗户，沙发前铺着东方风情的地毯，几张漂亮的照片，几幅精美的油画，其中包括一幅《西斯廷圣母》的复制品，再加上其他几件小玩意儿，通过精心布置，这里就构成了“美之角”。在这个小角落里，孩子们感到其乐无穷，尤其是彩色玻璃窗，其色彩让他们开心之至。他们每日与之相伴，不知不觉中，他们的行为举止就受到了这些美好物品的影响，变得更温柔，更优雅，更体贴，更会为他人着想。其中有个男孩原本“无恶不作”，在设立“美之角”之前，可以说是屡教不改，而在之后，其变化之快之大，连那位女老师都感到吃惊。有一天，女老师问男孩究竟是什么让他变得这么好了，男孩指着《西斯廷圣母》说道：“在圣母面前，谁敢做坏事？”

个性主要是通过眼和耳培养的。鸟鸣啾啾，虫鸣唧唧，溪水潺潺，风在树梢吟唱，鲜花和草地吐露芬芳，大地与天空、海洋与森林以及高山与丘陵展现出无穷色彩，这一切对一个人的成长来说，其重要性丝毫不亚于他在学校所受的教育。如果你不能通过眼和耳把美摄入生活，刺激和培养自己的审美能力，你的个性将变得干涩，毫无吸引力。

人生中，欣赏美的能力是其他任何能力都无法替代的。这种能力是人与创造一切美的造物主之间的联系。我们只有沉浸在宇宙的恢宏、壮丽和完美中时，精神才最接近上帝。也只有在那个时刻，我们似乎才能真正领略主的造物过程。

我们不妨尝试一下将美摄入生活之中，每天只需要一点点，然后你就会见证奇迹的发生。美会开阔你的眼界，点亮你的世界观，而金钱和虚名是永远也做不到这一点的。尝试着让你的精神食粮变得丰富，就像你的身体所需要的营养那样，你将会得到丰厚的回报。哪怕你强壮如牛，可以一刻不停地工作，你的大脑也需要休息一下。休假不仅是健康的需要，对培养性格来说，休假也同样重要。假如一成不变的精神食粮让你感到厌烦，假如你年复一年地重复着同样的事，你的人生总有一天会变得不幸。

展现审美能力是我们获得成功和幸福的最重要的因素之一，也是提升我们生活的最重要的因素之一。约翰·罗斯金[①]对美的热爱使得他的一生充满魅力和高贵，这种魅力和高贵甚至无法用语言形容。他对美的热爱让他看上去高端大气。这种热爱在对他施展魔咒的同时，也使他得到纯洁和提升。他一生中对大自然和艺术中的美孜孜以求，对人与自然之间关系的神圣阐释，正是这些赋予了其人生之作以热情、真诚和神圣。

美是上帝的品质，因此与美相伴就相当于亲近上帝。“我们越是发现美无处不在，在自然中，在生活中，在成人和儿童身上，在工作和休息中，在内心和外部世界中，越容易看见上帝（善）。”

在百合花和玫瑰的背后，在风景的背后，在令我们迷醉的一切美的事物

---

① 英国维多利亚时期最为博学之人，有多方面成就，在文学、文学批评、绘画实践与理论等方面均有建树，其著作等身，包括《近代画家》《建筑的七盏明灯》《威尼斯的石头》。

的背后，都有那位伟大的热爱一切美丽事物的人，都有那个伟大的美之原则。天上闪烁的每一颗星，每一朵花，都告诉我们到其背后一探美之源泉，把我们指引向那个创造一切美好事物的造物主。

对美的热爱在均衡的生活中发挥着重要作用。我们几乎觉察不到美丽的人和物对我们的影响。我们对他们也许已经司空见惯，因而熟视无睹，然而每一幅精美的画作，每一轮美丽的落日，每一处漂亮的景致，每一张标致的脸庞，每一个动人的图案，每一朵漂亮的鲜花，无论是哪一种美，只要我们遇到了，都会使我们变得更加高贵、优雅、大气。

让内心和大脑对美做出反应，其中包含着一切。它令人精神一振，是能量回收器和生命提供者，也是健康促进者。

美国人的生活往往会泯灭那种更细腻的情感，往往不鼓励美丽和优雅的培养。我们的生活过于物质，总是低估对美好事物的培养。后者在别的国家要发达得多，因为那里信仰的不是美元。

如果我们继续把精力都投入赚钱中去，而让社交能力、审美能力以及其他一切与高雅有关的能力都处于休眠状态，我们就别指望能拥有健康均衡的生活。能力只有使用了，才会增长，脑细胞只有锻炼了，才会活跃，否则就会萎缩退化。倘若人身上更高雅的本性以及大脑中更高尚的品质发育不全，而大脑中近乎野蛮的粗俗本性却过于发达，人就会受到惩罚，身上多出几分兽性，对生活中一切美好的事物都无法欣赏。

在生活中，我们将全部的精力都投入能带来利益的东西中，而让美好的事物处于无足轻重的地位，对一切造物中上帝的手笔几乎不屑一顾，这一切难道不可惜？不可耻？甚至近乎犯罪？

“你脑中有什么样的愿景，你心中有什么样的理想，你就会打造什么样的人生，成为什么样的人。”[①] 所以，造就一个人的是大脑和理想，而不是物质。

① 引自詹姆斯·莱恩·艾伦，美国作家，作品以其地方特色闻名，被称为“肯塔基州的第一位重要小说家”。

培养审美能力和培养我们称之为智力的玩意儿，同等重要。有一天，我们的后代无论是在家里，还是在学校，都会受到教育，要把美看作最珍贵的礼物，必须善加保管，务必不使其丧失纯洁、甜美和洁净，必须把它视为教育的一种神圣的工具。

相对于修身养性，培养对真善美的兴趣，培养那些在追逐财富之人身上已经被摧毁或扼杀的品质，就回报而言，其他任何投资都比不上。

在我们中间，可以找出上千个例子来证明，上帝在造人时，是要我们膜拜美，膜拜甜蜜，膜拜可爱，膜拜绝妙的思想，而不是膜拜那些俗物。

培养我们身上最优秀、最真实、最美丽的品质，这样我们就会发现美无处不在，就能够从一切事物中萃取出甜蜜来，这样做所获取到的回报是其他任何事都无可比拟的。

我们所到之处，都会有上千种事物，可以把我们身上最美妙的东西牵引出来。每一次落日，每一片风景，每一座山峦，每一棵树，都有神秘的魔力和魅力在等待着我们。每一块草地或麦田，每一棵草或每一束花，在训练有素的眼中，都有天使也抵挡不住的美。同样，在训练有素的耳中，森林和田野自有其和谐，潺潺溪水自有其旋律，大自然的一切歌声自有其不足为外人道的乐趣。

无论我们怎么去度假，我们都应当做到不让金钱扼杀我们内心最美好、最高贵的东西，相反，我们应当抓住一切机会，把美融入我们的生活中。

你对美好的事物有多么热爱，你获得魅力、养成优雅的机会就有多大。思想之美和理想之美通过表情和举止外显出来。如果你爱美，你将会成为某种艺术家。你也许是做室内装饰的，甚至是做贸易的，但无论你干什么行当，只要你爱美，美就会净化你的品位，提升和丰富你的生活，让你成为真正的艺术家，而不是“水货艺术家”。

和从前相比，美在将来的文明生活中，无疑将会发挥更大的作用。如今，美在各地正变得商业化。我们面临的麻烦是：在这片充满机遇的土地上，物质的诱惑已经大到我们只见利益，不见更加高贵之人。我们的个性畸形发展，更多地展现出贪婪之类的兽性。我们大多数人还寄居在生活的地下室，偶或有某个人爬上来，看一眼美丽的生活，看一眼那真正值得一过的生活！

美通过甜蜜与光明表现自己，因此在疏解心灵饥渴方面，世上其他任何事物都无法与之相比。

一位老游客曾讲述一个故事，有一次去西部，他坐在一位老太太身旁。老太太时不时地把身子探出窗子，（在他的猜想中）从瓶子里撒出一些盐粒。等瓶子空了，她就从包中取出盐把瓶子装满。

曾听他讲述此事的一位朋友告诉这位老游客，说自己认识那位老太太。那位老太太爱花如命，把“劝君沿路把花栽，再次经过路不同”这句话奉为圭臬。他说这位老太太所到之处，因为一路走，一路撒下种子，铁路沿途都变得更加漂亮了。因为这位老太太热爱美好的事物，因为她随处播撒美丽，很多道路因此得到了美化，变得清新宜人。

倘若在人生中，我们能够养成对美好事物的热爱，随处播撒美的种子，地球将变成怎样一个天堂般的存在！

去乡间度假，那是一个多好的机会呀！在那里，我们可以将美融入生活，可以培养审美能力。遗憾的是，大多数人的审美能力都没有得到充分发展，都处在休眠状态。于是乎对某些人来说，下乡仿佛步入了上帝的画廊，那里充满魔力和美丽。无论山川河流，还是草原田地，他们都会发现无法用金钱来购买的财富，发现连天使也会为之着迷的美丽。这样的美丽和辉煌是买不到的；只有那些看得见、懂得欣赏的人，那些能够读懂它们传递的信息并与之亲近的人，才能得到它们。

你曾感受过大自然中美的神奇力量吗？如果没有的话，你就错过了人生的一种至乐。我曾经穿越过约塞米蒂峡谷[①]。在崎岖的山路上坐马车行驶了100多英里（1英里约1.6千米）之后，我已经精疲力竭，最后10英里我似乎再也撑不下去了。不过从山顶上往下看，随着太阳从云缝中钻出，我有幸一睹著名的约塞米蒂瀑布和四周的山景，一幅罕见的美丽图画展现在眼前，我顿时觉得神清气爽，疲惫顿消。我的整个灵魂都在战栗，感觉一种崇高壮丽仿佛插上了翅膀，扑面而来。那种美丽和恢宏我从未见识过，我也永远不会忘记。我感觉精神得到了升华，喜极而泣。

直面大自然的美丽，谁都不会怀疑造物主有意让人也同样美丽，因为人是造物主仿照自己的模样创造出来的。

性格之迷人，举止之魅力，表达之优雅，神一样的姿态，这些都是我们与生俱来的权利。然而有些人的外表和举止是多么丑陋粗俗啊！对相貌，我们谁都不能毫不在乎。

不过倘若我们想要美化外表，就必须首先美化内心，这是因为每一个思想、每一个动作，都会在我们的脸上留下细微的痕迹，让我们变丑或变美。不和谐、破坏性的思想态度会让最美丽的脸庞变得扭曲。

莎士比亚[②]说过："上帝给了你一张脸，你却用另一张脸示人。"[③]思想可以随心所欲地让人变美或变丑。

最美的人必须有一副好脾气。很多相貌平平的人因为脾气好而美丽。脾气坏、爱嫉妒，一张再美的脸也会被毁掉。毕竟可爱的性格所造就的美才是无敌之美。任何化妆品、按摩或者药物，都无法去除嫉妒、自私、焦虑、犹疑的纹路，因为嫉妒等都是错误的思想习惯造成的。

---

① 指的是约塞米蒂国家公园，是内华达山脉中范围最大、最完整的生物栖地，境内有着多样的植物和动物。

② 英国剧作家、诗人、演员。

③ 引自《哈姆雷特》第三幕第一场。

美由内而生。倘若能够养成优雅的思维习惯，那么不仅他的语言表达会很艺术、很美丽，他的身体也会很漂亮。的确，他身上会有一种优雅和美丽，更甚于他身体之美。

我们都曾见过一些相貌平平的女性，她们因为个性的魅力，而让我们觉得她们有种脱俗的美。她们通过身体所展现的内在美让人对她们一见倾心。最平凡的身体所表达出的优秀精神令身体散发出无穷魅力。

有人谈到范妮·肯布尔①时曾说过："尽管她长得矮小粗壮，还有一张红脸，但她身上积聚了众多优秀品质。我从未见过有哪一位女性具有如此迷人的个性。任何美貌和她在一起，都会黯然失色。"

安都昂·比埃尔·贝利耶②曾说过："世上无丑女，只有不知道如何让自己变美的女人。"

至高无上的美远不止面容和形体的规则而已，而且这种美并非遥不可及，而是人人可得。即使面容丑陋，只要时刻想念着美，就一定能够使自己变美。注意，是心灵之美，而非外表之美，而且这种心灵之美是通过培养善心以及无私和奉献精神获得的。

真正的个人之美的基础在于举止友善，乐于助人，并且愿意随处播撒灿烂阳光和乐观精神。它洋溢在脸上，因而美丽。渴望并努力让自己的性格变美，就一定会让生活变得美好，而且外表只不过是内心的外现，所以面容和举止作为习惯思维和主导动机在身体上的表现，必然随其思想，变得甜美动人。只要你时刻念想着美和爱，那么你所到之处，都会给人留下甜美和谐的印象，谁也不会留意你的丑陋和残缺。

有些女孩子总是哀叹自己的不幸，觉得自己长相平平，时间一久，往往会夸大自己的丑陋。她们将自己的面容缺陷夸大了一倍以上，事实上，要不是

① 英国著名女演员、著名作家，出身于戏剧世家。

② 法国律师和政治家。

因为她们自己太敏感、太在意，别人也许压根儿就不会注意。倘若她们不那么敏感，表现得自然一些，只要坚持不懈，她们完全可以通过活泼的思想、甜美的举止、过人的智力、乐于助人的精神，弥补其面容在优雅和美丽方面的不足。

我们欣赏漂亮的面孔、美丽的身材，但是我们大爱因为心灵美丽而光芒四射的脸庞。我们之所以大爱，是因为它让我们想到了完美的人，想到了造物主用来作为模特的理想之人。

我们热爱和崇拜我们的挚友，不是因为他们的外表，而是因为我们之间的友谊。无瑕之美在人世间是不存在的。这种理想之美、可能之美通过人或物展现出来，给我们带来快乐。

每个人都应当尽可能地让自己变美丽、变动人、变完善。想要获得完美，并不存在任何虚荣。

只爱外表之美必然会错失爱美的最深刻的含义。形状之美，色彩之美，光影之美，声音之美，让我们的世界变得美丽，然而扭曲的心灵却看不到这无限之美。是内在的精神，理想的心灵，使世界万物变得美丽，使我们受到鼓励和提升。

我们热爱美丽的外表，因为我们都渴望完美。我们禁不住对那些接近我们理想的人和物心存敬意。

不过美好的性格可以让最平凡的环境充满美和诗意，让阳光照进最黑暗的房间，让最恶劣的环境变得美丽和雅致。

倘若没有那些伟人将人生的神圣加以具象，没有他们将生活的诗性、音乐、和谐与美丽逗引出来，加以强调，我们的生活将会变成什么样?

倘若没有那些美的创造者，没有那些激励者，没有那些将每一处地方上、每一种环境中、每一个条件下最美好、最动人的事物发掘出来，我们的生活将会多么污浊，多么平凡!

任何才艺、任何个性、任何思想品德，都没办法像欣赏美那样，给人以同样的快乐，让我们感到同样的幸福。在我们的童年，有多少人曾因为培养了审美能力而得到了拯救，免予犯错，甚至犯罪！对真正美丽事物的喜爱可以将儿童拯救出来，使他们的性格不至于变得粗俗野蛮。爱美使得他们能够抵挡很多种诱惑。

很多做父母的在培养子女爱美、欣赏美的能力方面，做得不够。他们没有意识到，在容易受外界影响的少年时期，家里的一切，包括墙上挂的画和贴的纸，都会影响儿童性格的成长。他们应当利用一切机会，让子女观赏精美的艺术作品，聆听优美的音乐；他们应当养成习惯，经常给子女读一些高雅的诗或名家的一些激励人的片段，也可以让子女自己阅读，这样子女的头脑中就会有美的概念，他们的心灵就会打开，让包围着我们的主的思想和爱流入。我们少年时受到的影响将影响我们一生的性格、成功以及幸福。

每个人一生下来，对美都是有反应的，但是这种天生的对美的喜爱需要通过眼睛加以滋养，在大脑中也必须加以培养，否则就会死亡。不论出身如何，儿童对美的渴望都同样强烈。“穷人身体的饥饿，其胃的渴望，”雅各布·里斯[①]曾说过，“和审美饥饿相比，和对美的渴望相比，其难挨程度甚至不及后者的一半，也不像后者那样难以满足。”

里斯先生家住长岛。他常常从家中摘一些花，带给纽约市桑树街的“穷人”。“我的花永远也到不了桑树街，”他说道，“从渡船下来，还没走过半个街区，我就会被一群孩子围住。他们大声尖叫，非让我给他们每人一朵花，否则就不让我走。他们一拿到花，就跑去把花藏起来，小心呵护，不让别人欣赏。他们围上来时，都会带着婴儿过来，这样婴儿也能分得一朵。这些婴儿有的肥硕，有的瘦小，但是一看到金色的花朵，眼睛都一下子变得又圆又大。他们从没看见过这样的事物。而且婴儿年龄越小，越穷，越会流露出渴望的表情。我的花就这样送走了。谁能拒绝得了这样的婴儿？

① 美国新闻工作者、社会改革家。

"我那一刻才明白，有一种饥饿和身体的饥饿及对成名的渴求相比，要严重得多，对此，我从前只是约略知道一点。所有儿童都爱美，都喜欢美好的东西。爱美是他们的神圣天性，自有其存在的道理！爱美是他们的理想。当他们呼喊着索要鲜花时，他们实际上是用他们所能使用的唯一方式向我们诉说：假如我们让贫民窟扼杀了他们的理想，我们实际上是在扼杀我们几乎一无所知的东西。贫民窟是肮脏丑陋的，那里被踩得结实的土壤本来是可以用来种植鲜花的。人可以长得高高大大，但是缺少灵魂；这样的人作为公民，作为母亲，对国家毫无贡献。他们的一生所留下的不过是贫民窟的一摊黑色的污迹。

"近年来，我们入侵贫民窟，在那里造房子，教会那里的妈妈们如何打扮自己。我们把儿童都送入幼儿园，在学校里选过图画。我们建造漂亮的新学校和公共建筑，在原先只有黑暗和污秽的地方，让阳光可以照射进来，并且种植花草，让人们可以听到鸟鸣。我们教会儿童跳舞，教会他们自娱自乐。哎呀，还有那必不可少的大扫除以及清偿债务——这里的人们把明天都给抵押了，其沉重的债务是其他社会，甚至这个国家，都无法忍受的。我们如今所做的不过是在偿还因为我们的疏忽而造成的债务而已；与此相比，我们不可能做得更好了。"

你知道吗？纽约的贫民窟里住着很多穷孩子，这些孩子也许会走进你家的客厅，从客厅里丰富的画布上和昂贵的装饰中，带走对美的憧憬。你也许从未在他们身上看到这样的憧憬，因为你的审美能力、你的敏感多情，都因为自私地追逐钱财而被扼杀。

这个世界充满了美好的事物，但是多数人缺乏训练，对它们视而不见。我们看不到周围的美，因为我们的眼睛未曾受到过训练，不知道怎么去发现美，我们的审美能力未得到开发。我们就像站在大画家威廉·特纳[①] 身旁的那

① 英国著名风景画家、水粉画家，其生前颇受争议，罗斯金曾在其著作《近代画家》中为其辩护，如今公认其对提高风景画的地位发挥过不可磨灭的作用。

位女士一样，站在他的一幅杰作前，惊奇地叫了起来：“天哪！特纳先生，我在大自然中从未见过你画中的那些东西！”

“您难道不希望自己能看到吗，夫人？”他回答说。

请想一想，在我们疯狂自私地追逐钱财时，我们把多么稀罕的礼遇摒弃在生活之外了！你难道不希望自己也能够发现特纳在风景中、罗斯金在日落中看到的那些奇迹？你难道不希望自己的生活多一点美，而不是因为追逐那些俗物，而让自己也变得粗俗，让自己的审美能力被遮蔽，让自己更加细腻的本能枯萎？让自己野蛮的一面得到发展，以便为了多挣几美元而肆无忌惮，以便为了从别人那里抢来点东西？

凡是受到教育，能够感受到美的人，都是幸运的。这样的人拥有一份任何人都夺不走的财产。这份财产却又人人都可以获得，只要我们从小开始培养让自己更加精致的品质。

第三章

欣赏别人

倘若你自己不富有，你应当为别人富有而高兴，这样做所带来的快乐会让你讶异。

——查尔斯·F. 阿基德博士

“我宁愿能够欣赏自己无法拥有的东西，也不愿拥有自己无法欣赏的东西。”

哥尔德斯密斯[①]在《世界公民》中，曾描述过一个一身珠光宝气的人，人群中有人刻意对他表示感谢。“这个人什么意思呀？”他惊呼，“朋友，我并没有给过你任何珠宝啊。”“没错，”陌生人回答说，“不过您却让我见识了珠宝，珠宝的作用就在于让人欣赏而已。所以说，我们之间没什么本质差别，只不过您要费心去看管珠宝，而这恰恰是我不愿意干的。”

华盛顿·欧文[②]曾让我们熟悉了一位法国侯爵。侯爵失去了一座宫殿，于是安慰自己说，要先去乡下度假，好在有凡尔赛宫[③]和圣克卢宫[④]，而要想在城里住，则有杜伊勒里宫[⑤]和卢森堡[⑥]及那里僻静的小巷。

“每当我行走在这些精致的花园中时，我只需要想象我是这些花园的主人，这些花园都是我的就行。这些欢乐的人群都是我的贵客，而我却不用费心去招待他们。我的家是名副其实的无忧宫，来客想干什么就干什么，谁都不去麻烦主人。全巴黎都是我的剧场，不断为我展现各种场景。每一条街道都为我

① 爱尔兰作家，代表作有《威克菲尔德的牧师》《世界公民》《屈身求爱》等。

② 美国作家，代表作有《见闻札记》。

③ 位于法国巴黎西南郊外伊夫林省省会凡尔赛镇，作为法兰西宫廷长达 107 年。

④ 位于塞纳河畔，巴黎市区以西 5 公里。如今宫殿所在地是一个国家公园。

⑤ 曾是法国的王宫，位于巴黎塞纳河右岸，于 1871 年被焚毁。

⑥ 位于欧洲西北部，被邻国法国、德国和比利时包围，是一个位于欧洲的内陆国家，也是现今欧洲大陆仅存的大公国，首都卢森堡市。

摆上一张桌子，成千上万的侍者都时刻听我指挥。当我的用人们服侍我之后，我给他们钱，打发他们走，然后一切就结束了。我不用害怕一转身，他们就会做错事或者偷窃。总之，”老先生笑着说，“当我回想起曾经的不幸，再看看如今的快乐，我不由得庆幸自己运气真好。”

罗伯特·L. 史蒂文森[1]在自己的一个仇敌结婚之前，把家里的画作和家具打包，送给了这个敌人。对此，他写信给一位朋友说自己终于摆脱了主人，不再做奴隶了。“别让自己成为财富的人质，我求你了，”他写道，“你一个月也不见得有心情去欣赏一幅画。等有了兴致，去美术馆看好了。花钱雇一些人掸去画上的灰尘，把画保管好，等着你光临，那多好！”

有些人身处逆境，却能积累如此财富，让人生变得丰富，而另一些人出身豪富，却从最奢华、最美丽的条件中一无所获，这究竟是怎么一回事呢？

其实这和吸收材料的质量有关。有些人对美视而不见，即使身处最壮丽、最激动人心的风景之中，他们也无动于衷。他们的心硬得压根儿就无法打动，让别人狂喜的东西，他们却毫无感觉。

吸收美的能力取决于大脑同化美、将美融入生活的品质。

我认识一位女士，一生都住在棚户区，周围环境肮脏嘈杂。就在这样恶劣的环境中，她却养成了甜美的性格。她拥有那种神奇的炼心之术，化平凡为神奇，将丑陋变得美丽，令苦工变成乐事。

这样罕见的个性就像荷花，出淤泥而不染，美丽而纯洁。

能从环境和经验中找到快乐和成功的机会，哪怕是十分之一的机会，这样的人是多么少啊！

你可曾看过蜜蜂从最可怕、最不起眼的地方采蜜？我就认识一些人，男人女人都有，他们拥有这种神奇的本能，能够从各种地方采蜜。他们从最恶劣

---

①苏格兰作家，代表作有《金银岛》《诱拐》《化身博士》等。

的环境中采蜜。哪怕是和最贫穷、最卑微、最不幸的人交谈，他们也会从中汲取养分丰富其经验，使其生活更加甜蜜。

因为自己具有从一切事物当中汲取财富的能力而觉得富有，这种习惯才是真正的财富。不管事物是否为别人所有，倘若我们目光所及就能把它带走，那么我们有什么理由不认为自己富有？我们有什么理由不把有钱人的美丽花园和田舍当成自己的一样来欣赏？我们只需要从旁经过，就可以将丰富的色彩据为己有。各种花草树木的美丽全都为我所用。别人对它们的拥有并不能割断我对其美的拥有。农场最精华的部分是风景，亦即美丽的溪流、草地、山谷、鸟语和日落，这些不会因为所有权而被隔绝。它们属于那些能够用目光带走它们的人，属于那些懂得欣赏它们的人。

有些人欣赏某些事物时，并不需要拥有这些事物。他们生性不会妒忌。哪怕生活困顿，他们也会为别人有钱而高兴，也会为别人拥有漂亮的家而欣喜。亨利·沃德·比彻[①] 就是这样一个心胸开阔、慷慨大度、思想自由的人，他不需要拥有就可以欣赏。他过去常常说，走出家门，尤其是在圣诞节期间，欣赏橱窗里的好东西，这对他来说是一种很好的招待。不管那些宫殿式的家是谁的，他都可以将那些建筑和雕像视为自己的，加以欣赏。

从一切事物当中获得快乐的能力是一种神圣的天赋。它开阔我们的生活，加深我们的经验，丰富我们的性格。它是自我养成的一种伟大的力量。

有些人一毛不拔，而且心胸狭窄，偏执多疑，从不敢打开心胸，从周围汲取财富，汲取所接触到的美。他们小心眼，好妒忌，生怕打开心门。其结果是，他们的生活苦兮兮的，只能艰难度日。

人必须心胸开阔，慷慨大度，才能够吸收真正有价值的财富和美。

我认识一位来自纽约的女士。此人个子不高，而且因腿部受伤走路姿势

① 美国牧师、演说家。

异常，却非常甜美开朗，人人都喜爱她。不管是谁，她都喜爱，也不管是谁，她都兴致盎然，所以，她无论身处何地，都深受欢迎。她并不富有，却无私地全身心投入他人的生活，她的热情让我们这些身体健全、经济条件好的人感到无地自容。

我认识一个穷人，他比我认识的所有富人活得都开心，原因很简单，他从小就学会了欣赏事物而不必占为己有，对那些所有者满怀感激，而不是心怀嫉妒。他拥有一个甜美的心灵，所到之处都充满阳光和笑声，所以人人都为他敞开大门。

无论你多穷、多不幸，这都不妨碍你欣赏那些价值不菲的艺术品，欣赏那些美不胜收的事物。你完全不用烦恼自己是否拥有它们，只要把它们当成自己的来欣赏就好了。只需要想一想维护城里的那些公园要花多少钱，你就明白了。那些美景、那些宫殿般的公共建筑、那些漂亮住宅、那些漂亮的私家花园以及随处可见的漂亮事物，这一切你都可以免费欣赏，不过你也许仍然会说自己一无所有！

不懂得不需要拥有就能欣赏的人错过了最好的一堂文化和经验课。

幸福的秘密就在于拥有一颗快乐满足的心。“凡是不满之人都是贫穷的，凡是对现有的一切感到满足的人都是富有的。”富有之人是能够坦然欣赏他人所拥有之物的人。

应该教会儿童不管自己的条件多差，都应当在别人的财富、善心、美丽和经验中感到富有。年轻时学会打开心胸，让心灵之路敞开，对外界做出反应，学会海纳百川，学会吸收一切可以丰富个性、开拓生活的真善美之物，这是一件非常了不起的事！

第四章
个性是成功的资产

深受众人拥戴的人，也就是那些拥有伟大个人魅力的人，为了让自己受到欢迎，会不辞辛劳地培养那些小小的优雅品质。倘若不善交际的人也愿意花费同样的时间、用同样的不辞辛劳来积攒人气，那么他们一定能够创造奇迹。

个性当中有某种东西，摄影师捕捉不到，画家无法复制，雕塑家无法刻画。这种微妙的东西人人都可以意会，却无法言传，任何传记作家都无法把其写在书中。这种东西与人生的成功有很大关系。

正是这种无法用语言描绘的品质，这种一部分人才能拥有的品质，使得听众只要一听到詹姆斯·布莱恩[①]、林肯、西奥多·罗斯福[②]这样的名字，就为之疯狂，掌声雷动。正是这种个性氛围，使得亨利·克莱[③]成为选民心中的偶像。约翰·C. 卡尔霍恩[④]也许更伟大，但是他从没有像“弗吉尼亚的磨坊男孩”[⑤]那样激发人们的热情。丹尼尔·韦伯斯特[⑥]和查尔斯·萨姆纳[⑦]都是了不起的人，但是与布莱恩和克莱这样的人相比，他们激起的热情连后者

① 美国政治家，曾任众议院议长并两度出任美国国务卿。

② 美国军事家、政治家，美国第 26 任总统。

③ 美国律师、政治家、演说家，曾任众议院议长及美国国务卿。

④ 美国政治家、政治理论家，曾任美国副总统、国务卿。

⑤ 亨利·克莱幼年丧父，很小就必须帮家里干活，包括骑马将粮食送到磨坊，所以自称“Millboy of the Slashes”。Slashes 是弗吉尼亚州的一部分，克莱家就住在那里。

⑥ 美国政治家、演说家，曾三次担任美国国务卿。

⑦ 美国政治家、律师、演说家。

的十分之一都不到。

一位历史学家曾说过，要想弄清楚拉约什·科苏特[1]对群众有多大影响，“我们先得量一下他的块头，然后再用皮尺量一量他的气场”。如果我们的观察力足够敏锐，测试也足够细致，那么我们不仅能够衡量一个人的气场，还可以更准确地猜出他将来的交友情况。由于我们通常只考虑一个人的能力，而不把其气场或者磁场当成成功资本的一部分，我们对其未来的地位往往会发生误判。这种气场在个人升迁方面，其作用丝毫不亚于脑力和教育。事实上，我们能不断发现，有些中智之人，因为外表体面，举止优雅，富有魅力，往往能很快就爬到那些远比他们聪明的人头上。

想要说明个人气场的影响，有一个很好的例子，是关于演说家的。演说家在演说时，像一阵旋风，令听众为之倾倒，但是他的这种气质并没有留在其冰冷的文字中，读者读其文字，很少会被打动。这样的演说家的影响几乎全部依赖于其现场表现，依赖于从其身上散发的气场。

个性的魅力是一种神圣的天赋，即使性格最强悍的人也会为之动摇，有时候甚至会操纵国家的命运。

我们都不知不觉地受到具有这样魔力的人的影响。我们一走近他们，就有一种被放大的感觉。他们将我们内心深处的某种东西释放出来，一种我们之前从未察觉的东西。我们的视野开阔了，我们感觉全身充满了新的力量，感到一阵轻松，仿佛卸下了长期的重负。

和这样的人哪怕是初次见面，与他们交谈也会让我们感到吃惊。我们从未想过自己也能够那么清晰流利地表达自己的思想。他们把我们内在最好的东西引出来，让我们了解原来仿佛还有一个更大、更好的自己。在他们面前，那种从未体验过的冲动和渴望在大脑中迸发。人生一下子有了更高尚的

[1] 匈牙利律师、记者、政治家，匈牙利革命期间曾任匈牙利共和国元首。

意境，一种从未有过的渴望在我们心中熊熊燃烧。我们渴望做得更多，更有成就。

也许就在几分钟前，我们还垂头丧气，突然之间，一种一直蛰伏着的个性的闪电在我们的生活中劈开一道缝，将我们隐藏着的种种可能展现出来。于是乎欢乐取代了抑郁，绝望换成了希望，泄气变成了鼓劲。我们接触到了更精美雅致的东西；我们有幸一睹更高层次的理想，于是最起码在那一瞬间，我们蜕凡成圣。缺少目标和努力的平凡的旧生活已经远去，我们怀揣着更高的希望，决心从头开始，把我们所领略到的力量和潜能占为己有。

和这样的人物哪怕是一瞬间的接触都似乎会让我们的智商和心灵力量倍增，就好像两台强大的发电机使得通过电线的电流加倍一样。对这种奇迹般的相遇，我们不愿意离去，生怕会失去刚刚获得的力量。

有时，我们会遇到令人战栗畏缩的人。他们一靠近我们，我们就会感到一阵寒战，仿佛夏天里过来了一阵寒风。一种萎缩狭窄的感觉传遍全身，让我们感觉自己似乎一下子变小了。我们痛感力量的消失，也痛感机会的失去。就像在葬礼上不能笑一样，我们在他们面前，也笑不出来。他们身上散发出的阴郁气氛让我们的一切自然冲动都冻结起来。在他们面前，我们别想放松自己。像乌云遮蔽夏日灿烂的阳光一般，他们将阴影投射到我们身上，让我们充斥着模模糊糊、不可名状的不安。

我们有种直觉，这种人对我们的力量缺乏同情，于是我们自然而然地守口如瓶，绝不轻易谈论希望和雄心。他们一靠近我们，我们的目的和欲望就会萎缩，再也不会感时伤怀，生活似乎失去了色彩和激情。他们在场所造成的影响就是令人麻痹，我们只有尽可能快地远离他们。

我们只要研究一下这两类人，就不难发现两者的主要差别就在于前者爱人，后者不爱。当然，能够俘获周围人心的罕见的优雅举止，能够让人一见倾心的强大的个人魅力，主要是天赋。尽管如此，我们也会发现，凡是平常表现得无私的人，凡是对他人之事真正感兴趣的人，凡是觉得有能力帮助别人是上天恩赐的人，哪怕缺少文雅的举止和优雅的气质，所到之处，也会让人有所提高。他会鼓励接触到的每一个人。他会得到所接触到的每一个人的信任和爱戴。只要我们愿意，这样的个性也是可以培养的。

有时候，我们把这种不可捉摸的神秘之物称为个性。它和可以衡量的能力或者可以定级的品质相比，往往要强大得多。

很多女子具有这种迷人的品质，这种品质和她们的外表毫不相干。相貌平平之人也能拥有这种品质。法国沙龙里的一些高谈阔论的女性就是著名的例子，她们对沙龙的主宰绝不亚于王座上的国王。

在社交聚会上，当交谈已经拖得太长，人们已经失去兴趣时，倘若有一个充满智慧、有着迷人个性的女子走进来，会让整个情形为之一变。她也许不漂亮，但是人人都会被她吸引，与她交谈是一种优待。

拥有这种罕见品质的人却往往不知道这种力量的源泉。他们只晓得自己拥有这样的能力，但是对它说不清道不明。尽管这种力量像诗歌、音乐或其他艺术一样是一种天赋，但是这种天赋可以培养。

这种个性的魅力大部分源自优雅的举止。机智也是很重要（甚至是最重要）的元素——仅次于优雅的举止。人必须知进退，在适当的时候做适当的事。想要获得这种神奇的能力，良好的判断力和常识是不可或缺的。良好的品位也是个人魅力的要素之一。一旦与别人的品位相背，就必然会伤害其感情。

人所能够做出的最伟大的投资之一就是努力培养优雅的举止和仪态，培养在感情上的大度——取悦人的艺术。和金钱相比，这样的投资要高明得多，因为所有人都会为阳光灿烂的人敞开大门。这样的人不仅受欢迎，他们所到之处，还会受到追逐。

很多成功的企业家倘若分析一下自己的成功，会惊奇地发现其成功在很大程度上归因于他们彬彬有礼的习惯等常见品德。没有这些品德，他们的远见卓识，他们所受的商业训练，也许一半的作用也起不了。毕竟一个人再怎么能干，倘若行为粗鲁，也会把顾客全都赶走，倘若其个性令人讨厌，将总是把自己置于不利的地位。

培养人气的投资非常值得。它使成功的概率加倍，帮助培养个人气概，有利于个性的培养。一个人要想受到欢迎，就不能有私心，必须克制不好的习惯，表现得彬彬有礼，像个绅士，随和而容易接近。一旦他想积攒人气，他就踏上了成功和幸福之路。交友的能力是取得成功的一大助力。这种能力是你在遇到惊吓、生意失败、濒临破产时，站在你身旁支持你的资本。有多少人在遭受无情的灾难而损失了一切之后，却能够东山再起！原因很简单，他们的朋友遍天下，他们学会了与人相处的艺术，学会了缔结并保持友谊的艺术！友谊的影响力是巨大的，朋友的喜好和不喜都会影响我们。在这个世上，一个很受欢迎的人相比于一个冷漠的人，要有优势得多，因为顾客会蜂拥而至。

培养与人相处的艺术，它对你自我表达的帮助是任何其他事物都做不到的。它将把你身上隐藏的成功品质引逗出来，它会使你的同情范围变大。与这种个人魅力相比，我们很难想出还有什么与生俱来的事物能更让人开心。不过这种品质却相对容易培养，因为它由许多其他品质构成，而这些其他品质都能够培养。

在我认识的人当中，凡是百分之百无私的人都是人缘非常好的人。任何人倘若总是想着自己，总是想着如何占点便宜，肯定不会有好人缘。我们对那些只为自己却从不考虑他人的人有一种天生的反感。

取悦别人的秘密就在于自己首先要和蔼，要风趣。如果你性格随和，你也一定慷慨大度。一个人心胸狭窄，斤斤计较，那么也一定不招人喜爱。在这样的人面前，人们只会退缩。在自我表述时，在微笑和握手时，在表现热情时，必须把心放在其中，这一点不容置疑。就像眼睛抵御不了太阳，心肠最硬的人也抵御不了这样的品质。倘若你散发着甜蜜和阳光，人们就会想靠近你，因为我们都在寻找阳光，远离阴影。

不幸的是，家庭和学校对这些东西教得不够多，而我们的成功和幸福却大部分依赖于它们。我们很多人并不比不识字的盲人强多少。我们懂得的也许足够多了，但是我们吝于给予，生活狭隘保守，而我们本该心胸开阔，慷慨大度，富有同情之心。

深受众人拥戴的人，也就是那些拥有伟大个人魅力的人，为了让自己受到欢迎，会不辞辛劳地培养那些小小的优雅品质。倘若不善交际的人也愿意花费同样的时间、用同样的不辞辛劳来积攒人气，那么他们一定能够创造奇迹。

人人都会被可爱的瓶子吸引，反感那些不可爱的。对个性的判断有个总的原则：良好的举止令人愉悦，粗俗野蛮的举止令人厌恶。对于一贯帮助我们的人——那些给予我们同情，总是先让我们感到自在，总是尽量给我们提供便利的人，我们会情不自禁地受到吸引。另外，对那些总想占我们的便宜，那些挤到我们前面抢座位的人，那些总是在寻找最好座位的人，那些总是挑餐桌上最好吃的食品的人，那些不管有没有别人，在饭店和旅馆总是希望得到最先服务的人，我们只会反感。

把自己身上最优秀的品质展现给自己追求的人，在初次见面时留下好印象，像熟识多年的朋友一样接近潜在的客户而不让对方反感，不让对方产生偏见，并赢得对方的同情和好意，这样的能力是了不起的技能，理应挣大钱。

优雅的人身上有一种魅力，一旦接触了，就难以离开。我们很难冷落拥有这样魅力的人。这种人身上有某种东西让你打消偏见。不管你有多忙，有多担心，也不管你有多讨厌被打扰，在具有迷人个性的人面前，你恐怕很难拒绝。

当一个很有个性的人把我们做梦都没有梦到过的力量召唤出来，让我们说一些、做一些我们单独说不出、做不到的事时，当我们与这样的人接触时，我们难道没有感到力量增加了好多倍？没有感到变得更加有智慧？没有感到我们的一切天赋都变得更加厉害？演说家首先从听众那里汲取力量，然后回馈给听众，但是倘若听众都是孤立的，他就无法汲取这种力量，就像化学家一样，倘若药品都分别放在一个个瓶子里，他就无法获得化学品的全部力量。正是在接触和混合中，我们才能得到新的创造、新的力量。

我们往往会夸大书本教育的作用。大学教育的价值有很大一部分来自学生的社交活动，学生通过交往使性格得到强化。他们的天赋通过思想碰撞得到了磨砺，大脑与大脑的对抗刺激了他们的野心，照亮了他们的理想，打开了新的希望和可能。书本知识自有其价值，但是通过思想交流得到的知识是更无价的。

两种不同但亲和的物质通过化学作用，也许会产生比两者更强大的第三种物质，甚至是比两者联合都要强大的物质。两个亲和的人也许会从对方身上召唤出各自做梦都没想过的力量。很多作家把最伟大的作品、最睿智的话归因于某位朋友，是这位朋友唤醒了他们身上蛰伏的力量，要是没有这位朋友，他们的这种力量也许至今还在休眠。通过一幅杰作，或者偶然相遇的某个人，一个人发现了从未被发现的东西——创造不朽杰作的能力，艺术家获得了灵感。

整天和伙伴厮混的人永远也不会踏上发现之旅，永远也不会发现新的力量岛屿，除非他们改弦易辙，与别的人交往。他遇到的每一个新人都有各自的秘密，就看他能不能够把它挖掘出来。它是他以前从不晓得的，但是在他的旅途中能帮到他，可以丰富他未来的生活。谁都不可能独自一人，总有人会发现他。

当你知道如何正确看待在社交中结识的人时，你从他们身上学到的东西的数量会让你大吃一惊。不过事实是，只有你大量付出了，你才能从他们身上学到很多东西。你散发出的越多，你越慷慨，你越是向他们毫无保留地敞开胸怀，你收获得越多。

想要得到得多，就必须给予得多。水只有从你身边流出去，才会向着你流回来。你从别人那里获得的一切都是从你自己这里流走的水的反馈。你越慷慨付出，你的回报就越大。倘若你自己小气，心胸狭窄，你也不会得到慷慨的回馈。你必须全身心地慷慨付出，否则你的回报只会是断断续续的小溪，而你本可以获得如大江大河般的祝福。

一个人倘若利用一切机会来打磨自己的方方面面，就会匀称健康，但是如果未能锻炼自己的社交才能，除他那一点点专长外，他在各方面都不会出众。

无论什么时候，错失与我们同类人相遇的机会都是个错误，尤其是错失与比我们强的人见面的机会，因为与这样的人碰面，我们总能有所收获。正是通过社交，我们的棱角才会被磨平，我们才会变得优雅动人。

倘若你进入社交圈，下决心要让它成为修身的学堂，从而把自己最优秀的品质召唤出来，将那些因缺少锻炼而休眠的脑细胞唤醒，那么你就会发现社交既不令人厌烦，也不会毫无收益。

当你把遇到的每一个人都当作瑰宝，当作可以丰富你的生活、开拓你的事业、让你更有气概的机会时，你就不会认为在社交中度过的时间是浪费。

凡是下定决心出人头地的人，都会把每一次经验当成良师益友，当成文化凿刀，从而将自己的生活雕琢得更锐利一些，更动人一些。

无论老幼，坦坦荡荡都是最令人愉快的个性之一。人人都敬慕那些心胸坦荡的人，那些毫不遮掩把错误和不足暴露在外的人。这样的人通常心胸开阔，慷慨大度。他们激发别人的喜爱，使别人乐意掏心掏肺，并且通过他们自身的坦诚和直来直去，换回别人的坦诚和直来直去。

和坦诚让人喜爱相反，遮遮掩掩只会令人厌恶。只要想遮掩，就必然有某种东西会引起别人的怀疑和不信任。不管对方看上去脾气多么好，多么灿烂，只要喜欢遮遮掩掩，我们就不会放心。和这样爱遮掩的人打交道，就像在黑夜里乘坐马车，心里总有一种不安的感觉。我们也许会平安无事，但是心里总是担心前方有坑或者某种未知的危险。我们因为不安而不舒服。喜欢遮遮掩掩的人也许并不坏，对我们也很公正，但是我们心里没底，不敢信任他们。这样的人无论多么彬彬有礼，举止优雅，我们却怎么也摆脱不了一种感觉，那就是在那优雅的举止背后另有谋算，在那观点之外别有动机。这样的人总是个谜，一生都戴着面具。凡是对他不利的性格，他都要藏起来。只要他能藏得住，我们就永远也别想了解他究竟是个什么样的人。

那些袒露一切的人，那些没有秘密、把心都掏给我们的人，那些坦诚、自由、胸襟开阔的人，他们所受的待遇又是多么不同啊！他们很快就能赢得我们的信任，受到大家的喜爱。这样的人犯了错就会承认，就会纠正，所以尽管他们小错不断，我们却会原谅他们。他们要是有什么坏的品质，也会得到大家的原谅。他们的心健康而真实，他们的同情广阔而积极。他们所拥有的品质——坦诚和简单，有利于自身的成长。

在南达科他州的黑山，住着一个没文化的贫穷矿工，人人都喜欢他，善待他。“不喜欢他都不行。”一位英国矿工说。当问到为什么其他矿工和镇上的人都喜欢这位贫穷矿工时，英国矿工回答说：“因为他有心，他是真男人。小伙子有麻烦，找他就行。找他绝不会空手而归。”

聪明英俊的小伙子们，那些东部院校的高才生，都来到这里发财；一大批能干的壮汉因为淘金热而从五湖四海来到这里。然而在这些人当中，谁都不能像这个贫穷矿工一样，赢得大家的信任。他几乎连名字都不会写，也不知道上流社会的用语，但是他深得人心，其他人不管受过多少教育，多么有“教养”，也无法企及他在人们心中的地位。

他尽管连一句正确的句子都不会说，但是最终被选为镇长，当选为议员。这全都是因为“他有心”，是个真男人。

第五章

如何驰骋社交场所

人脑与人脑之间，心灵与心灵之间，有一种强大的感应力量。我们不知道怎么来衡量这种力量，但是它非常强大，可以激励和创造，也可以造成毁灭。有几十种途径可以向人脑输送营养，将任何一种途径封闭，都会导致天赋的萎缩，力量的消失。

取悦他人的力量是巨大的成功资产，它能为你做一些金钱做不到的事。它常常为你提供金融财产本身无法单独提供的资本。人们受自己的喜好左右。在一个散发着魅力、举止宜人的人面前，我们常常身不由己。极具煽动力的行为举止是令人无法抗拒的。

切斯特菲尔德勋爵[①]把取悦他人的艺术称为最优秀的艺术之一。假如你想受欢迎，你就得有受欢迎的态度，而最重要的是，你自己必须有趣。倘若别人对你毫无兴趣，他们就会对你唯恐避之不及。不过倘若你很阳光，为人和善，乐于助人，倘若你将阳光洒向各处，从而让人对你向往，而不是唯恐避之不及，那么你想受到欢迎，就不会有任何困难。

吸引别人的最好方式就是让人觉得你对他们感兴趣。不过你也不要作假。你必须对他们真正感兴趣，否则他们会发现自己受到了欺骗。

要想赢得年轻人的心，最快莫过于对他本人、对他所做的事，尤其是他将来打算要做的事，真心感兴趣。

假如你躲避别人，那么别人躲避你也就应该在意料之中。假如你总是谈论自己，谈论你那了不起的成就，你就会发现人们一个个从你身边走开。你不

① 英国政治家、文学家。

能让别人高兴，因为别人期待你谈谈他们，期待你对他们的事情感兴趣。

假如你一副想打架的样子，处处找碴儿，那么雇员等不喜欢你，你就不要感到奇怪。谁都喜欢笑脸，我们总是在寻找阳光，我们希望远离乌云和阴雨。

一些人认为，很多所谓的文化教养不过是做作而已。他们认为未经打磨的钻石才是唯一的真钻石。他们争辩说，一个人倘若是真诚的，拥有男子汉的品质，那么无论他的外表多么粗野，他都会受到尊重，并最终取得成功。

这样的说法有几分道理。适用于自然界粗钻的话也同样适用于人中粗钻。不管粗钻的内在价值有多高，谁都不会佩戴一颗粗钻。一个人也许拥有百万美元的宝石，但是倘若他拒绝将宝石打磨抛光，那么谁都不会欣赏这些宝石。新手难以看出它们和普通卵石之间有什么差别。它们的价值和它们的璀璨美丽成正比，而只有宝石切工才能将这种璀璨美丽召唤出来。

所以说，一个人也许拥有很多令人艳羡的品质，但是倘若这些品质被粗糙的外表遮盖，其内在的价值就会丧失殆尽。只有敏锐的观察者或者研究性格的专家，才能发现这些品质。切割和打磨对晶莹剔透的钻石所起的作用，在人中粗钻身上需要教育和社交来完成。良好教养带来的优雅、迷人的性格、得体的举止，都将使人的价值增加千倍。

人的第一印象一经形成，不论好坏，想要改变都是世上最困难的事之一。我们初次与人见面时，都没意识到自己的大脑运转得有多快。我们的眼睛、耳朵马力全开，大脑则忙于在我们的判断天平上对眼前之人进行测量。我们全神贯注，细察其长短之处。他的一言一行全都被我们的大脑接收，我们的判断不仅迅速，而且果断，我们很难，甚至说几乎不可能，将这初次印象从大脑中驱逐出去。

粗枝大叶的人往往不得不耗费大量的时间来克服自己给人留下的不良的第一印象。他们通过文字进行道歉和解释。然而道歉和解释通常都没有效果，因为和第一印象相比，其效果弱得多，远不如第一印象那么顽固，不容更改。

所以，对于想在社会上立足的年轻人来说，至关重要的一点就是要小心自己给人留下的印象。不佳的第一印象也许会在其职业起点上，就让他得不到信任，自身的价值也无人赏识。

如果你给人的第一印象是一个男子汉，你的男子汉形象凸显出来，真诚和高贵成为你的标志，如果别人在你展现出的一切背后都能看到一个男子汉的形象，那么你就会得到别人的信任。

我认识一个人，千千万万人当中的一个。此人怎么也不明白为什么别人躲避他。假如他参加聚会，人们似乎都跑到房间另一边去。当其他人谈笑风生时，他却躲在角落里，一言不发。倘若他偶尔引起了别人的注意，他身上仿佛有种离心力似的，很快又会把他赶向孤零零的角落。他很少受到邀请。他像是个社交冰柱，身上没有一点温暖，也没有一点吸引力。

此人觉得自己不受欢迎的原因是个谜。他很有能力，也很勤奋，干完一天活后，喜欢和伙伴们玩一玩，放松放松，但是他怎么也得不到他渴望的快乐。他发现人们老是躲着他，而其他人的才能不足他的十分之一，却到处受到欢迎，这让他很受伤。其实，他不明白是自己的自私才导致他不受欢迎。他想着的总是自己。他在自己和自己的事情上花费了太多的时间，根本挤不出足够的时间来关注别人和别人的事情。不管你和他谈多少回，他总是想把话题引到他自己和他自己的事情上。

阻碍他在社交上取得成功的另一件事就是，他压根儿不明白引人注意的秘密。他不晓得每个人都是一块磁铁，要用恰到好处的强度和力量把人吸引到习惯性的思想和动机上。而总想着自己的人成了一块“自磁铁”，只能吸引自己而不能吸引他人。有些人成了“金钱磁铁”，他们的思想总是放在金钱上，时间一长，他们只能吸引金钱，却吸引不了任何其他东西。有些人成了恶人，因为他们让自己成了“恶磁铁”。

另外，也有一些男女，他们心灵和性格非常美丽，凡与之接触过的人，都会感到受益无穷，感到与他们有缘。他们周围的人都喜爱他们，崇敬他们。这些胸襟开阔的人因为爱人，而深受人爱。他们像磁铁一样，吸引着各色各样的人，因为他们的胸怀足够宽广，能够容纳各色各样的人。他们对这些人全都兴致盎然，他们对每个人都慷慨大度。

我们往往会本能地衡量一个人的显著品质，估算他的一切。我们看到了他的明显特点，于是立马就晓得他是拒人千里之外，还是心胸开阔，慷慨大度，既没有隐藏的秘密，也不躲躲闪闪，吸引并喜爱每一个人。

一个人只要表现得很冷漠，以自我为中心，凡事只想着自己，那么他就不会有吸引力。人们就会躲避他，讨厌他，谁都不会主动接近他，是他自己把自己弄成这样子的。他一旦开始关注起他人来，立马就会产生吸引力，变排斥为吸引。他对他人的兴趣有多大，对他人的吸引力就有多大。他只要开始为他人着想，对他人的事真正感兴趣，不再把话题引向自己，他人就会对他感兴趣。想讨别人喜爱只有一种方法，那就是喜爱别人。学会打碎自私自利及扭捏不安的枷锁。别再只想着自己，去关心一下别人。要崇敬和喜爱他们，要真心想帮助他们，这样你肯定会受到爱戴，受到欢迎。

很多人把自己封闭起来，只关心自己的事，因此别人都躲着他们。他们独居太久，已经失去了与外面世界的联系，对外面的世界也缺乏同情。他们“躲进小楼成一统”，时间久得让他们已经无法与外面的人共同生活。他们没有意识到，多年来的独居生活，使得他们对他人漠不关心，把自己的吸引力给锁起来，使自己的同情枯竭，直到有一天，自己不能够产生温暖和力量，成了一根人形冰柱，冷得似乎能将周围的空气冻结。

正常情况下，人的天性使得他不会离群索居。人的生活很大一部分都来自他人。人是关系动物，一旦切断了与别人的联系，他的力量起码会丧失一半。一句话，人只有在与他人的接触中，才能与他人形成血脉相连的关系，让彼此的生活和思想通过对方而表现出来，才会伟大！

一串青葡萄刚被人采摘下来，就开始萎缩。营养一旦被切断，葡萄就逐渐不再新鲜，味道也会变差。葡萄的各种优点都来自通过主干所形成的营养联系。仅凭自己，葡萄什么也做不了。一旦其力量的源泉被切断，它就不再生长，并将死去。

人也不过是人类这棵葡萄树上的一串葡萄而已。一旦他和其他人之间的联系被切断，他就开始枯萎。在人与人之间形成的兄弟情谊中，有某种东西是在一大群毫无联系的人身上找不到的。正如拉迪亚德·吉卜林[1]说的那样："狼的力量存在狼群之中。"脱离大众意味着个人力量的巨大损失，就像对钻石分子和原子进行分离时，会导致内聚力和黏附力的损失一样。宝石的价值就在于粒子之间的紧密结合和集中，粒子一旦被分开，宝石的价值就不在了。所以，一个说话算话的能人，其大部分力量都来自和同类之间的联系。

人不仅在肉体上是杂食性的，精神上也同样是杂食性的。人需要各种精神食物，这样的食物只有通过和形形色色的人打交道才能获得。人一旦和同类之间被隔开，就开始走下坡路。多年与世隔绝的儿童会退化成白痴。

一个人从他人身上吸收了多少力量，吸收了什么样的力量，决定了他有多么强壮。他与同类之间接触的程度，包括社会层面的、精神层面的以及道德层面的接触，决定他力量的大小。他与他人之间有多么隔绝，也就有多么羸弱。

人脑与人脑之间，心灵与心灵之间，有一种强大的感应力量。我们不知道怎么来衡量这种力量，但是它非常强大，可以激励和创造，也可以造成毁灭。有几十种途径可以向人脑输送营养，将任何一种途径封闭，都会导致天赋的萎缩，力量的消失。人的五官只是向内心传递印象和信息的一小部分运载工具。照亮内心的还有一些未知的难以名状的感官。我们的成长主要依赖于心灵

① 英国小说家、诗人。

吸收得来的营养，但是这种营养原始的感官无法衡量。我们通过眼和耳汲取力量，但是这种力量并不通过视觉和听觉神经来传递。一幅杰作的最伟大之处并不在于画布上的色彩、阴影或形状，而在于这一切背后的那个艺术家，在于艺术家的个性中所蕴含的巨大力量，在于艺术家的继承和经验之和。谁能够测量借助于想象而触及意识的那种暗示性力量？

与挣钱的机会相比，与那些能发现我们身上最优秀而不是最糟糕的品质的人交往的机会要远远有价值得多。它可以让我们培养高贵品格的力量增强百倍。

小心那些总是贬低别人、总爱找碴儿、总爱在背后说别人坏话的人，这样的人很危险，不值得信任。贬低别人，眼界狭窄，性格扭曲，心理不健康，这样的人看不到也不承认别人的好。这样的人好嫉妒，听不得别人好，受不了别人的优点。假如无法否认别人的好，他就会想方设法进行贬低，不怀好意地说一些“假如”“不过”之类的话，或者动用其他手段，让人怀疑受到称赞之人的品行。

健康、正常、大度的人发现别人的好总比发现别人的坏来得快，但是气量狭小的人只看见别人的错，只看见丑陋扭曲的东西。对后者来说，整洁、美丽、真实、大气的东西太大，大到他看不过来。这种人无力建造，却以毁灭为乐。

你只要听到有人贬低别人，除非你能帮助他改正错误，否则就把此人从朋友名单中划掉。你别以为喜欢讲别人坏话、批评嘲笑别人的人会对你客气，有机会他们也会这样对待你。与这样的人不可能结成真正的友谊，因为真正的朋友会提供帮助，而不是拖后腿。真正的朋友不会揭自己朋友的短，也不允许别人说自己朋友的坏话。

教养所产出的最好的果实就是眼中只会看到上帝按照自己的样子创造出来的人，而不是满是错误和不足的人。唯有心地善良、胸襟开阔、慷慨大度的男女才会对别人的缺点睁只眼，闭只眼，才会时刻准备好夸奖其优点。

不知不觉中，我们全都时时刻刻地以自己心中的想法来塑造他人。在朋友以及所接触的人身上所看到的特点，你往往会把它们放大。假如你看到的只是他们小气卑鄙的一面，你就无法帮助他们改正这些错误，因为你只会强化这些错误，使之固化。假如你看到的是他们好的、高贵的、积极向上的特点，你就会帮助他们将这些特点发扬光大，直到他们将卑鄙的一面淹没。

在全世界，处处都存在这样的无意识影响交流，对性格或有所裨益，或有所妨碍。

很多人因为总想着自己有些怪，因而真的变怪了。有些人认为自己从父母那里继承了某些怪癖，因此总是想看看自己身上有没有这些特点。这样做恰恰就让自己沾染上了这些怪癖，因为日有所思，夜有所梦，脑子里怎么想，身上就会怎么呈现。这些人因为太过担心，总是想着自己受到了不良影响，结果反而使缺点不断放大。不管是真的还是想象的小怪癖，都让他们神经过敏。他们自己不愿意谈这些怪癖，也不愿意别人谈，自己拥有这些怪癖的想法令他们丧失信心，阻碍他们成功。

这些怪癖通常都是想象出来的，或者通过想象而被放大。不过由于长期被惦记，受到滋养，它们反而变成了真的。

解决办法是走向其反面，多想想自己的优点，对那些可能的缺点视而不见。假如你认为自己有些怪，那就养成习惯，抛弃不正常的想法，对自己说："我并不怪！让我烦恼的怪癖不是真的。我是上天创造的，上天这样完美的存在不可能创造出不完美的作品来，所以我自以为的不完美并不是真的，就像我的存在是真的一样。除非在我的脑子里把它们创造出来，我身上不存在任何不正常的东西，因为造物主并没有把它们给我。上天并没有给我任何杂音，因为上天本身就和谐。"

假如你一直这么想，你就会忘记那些在你看来不正常的东西。它们很快就会消失，你会重拾信心，深信自己和别人没有什么不同。

羞怯有时会成为一种病，但这只是想象的病，只要不去想它，就可以轻易治愈。你只需要想“谁都没有看着我，人们都太忙了，都在为自己的目标和壮志而忙碌，哪有时间盯着我”，就行了。

我认识一个女孩，每天想着自己相貌平平，举止不雅，结果把自己弄得差点发疯。她太敏感，太骄傲，一旦有更漂亮的熟人受邀参加晚会，而她没有受到邀请，她就会想象别人看不起她，为这事会纠结好多天。

最后，一位真正的朋友帮助了她，告诉她不要哀叹缺乏美貌和优雅，告诉她完全可以培养其他更动人的品质，这些品质可以比美貌和优雅让她更受欢迎。

得这位好心的朋友之助，女孩丢掉了原先对自己的看法。她改变立场，不再过分强调身体的优雅和美丽，不再认为自己丑陋讨人嫌，相反，她时刻想着自己是上帝思想的体现，自己身上有某种神圣的东西，下决心要把这种神圣的东西展现出来。

任何关于她可能不受欢迎、可能真的长得丑的念头都被她扼杀了，相反，她把自己深受欢迎、自己也可以变得有趣甚至迷人的想法牢牢记住。她不允许自己有自己不动人的念头。

她想方设法让自己更聪明。她阅读最优秀作家的作品，选修很多不同的课程，并且下决心要利用一切机会，尽量让自己表现得有趣。

从前，她以为自己怎么穿着，怎么做，都无关紧要，反正自己也没人喜欢，所以她的穿着和举止一直都很粗心大意。现如今她开始尽可能打扮得漂亮些，穿得更有品位些。

其结果是，她不再像从前那样，是个无人问津的“壁花”，相反，她所到之处，都会有人围着她。她不仅言谈变得迷人，本人也变得很有趣，受到的邀请一点都不少于她曾经妒忌过的那些更漂亮的女孩。不久，她不仅克服了自己的缺点，还成了当地最有趣的女孩。

她的任务可不容易完成，不过她凭借坚强的毅力终于克服了曾经让她垂头丧气的东西。她在下决心克服曾经是她心中致命缺点的过程中，培养起了其他品质，不仅弥补了她缺少的美貌，更有所超越。

通过观想我们想达到的目标，并努力去实现，它所能给我们带来的变化，堪称奇迹！其中拥有一种神奇的力量，能够吸引我们欲求的东西，能够把我们看见的图画变成现实。

人的声音对他的受欢迎程度和社交成功概率有很大影响。什么也比不上一副甜美、训练有素、抑扬顿挫的嗓音更能反映人的教养、文化和优雅程度。

“把我和一大群人关在一个黑暗的房间里，”托马斯·温特沃斯·希金森[①]说过，“我立马就能通过声音把绅士给找出来。”

据说在埃及早期的历史上，法庭上只允许书面的辩护，但是法官会受到人的口才影响或左右。在宣布判决时，主审法官佩戴真理女神的面具，只是静静触碰一下被告。

鉴于人的声音所具有的神奇力量，若我们在家庭和学校不对儿童的声音进行训练，这难道不是耻辱，甚至近乎犯罪？看到一个聪明伶俐、前途光明的孩子接受了良好的教育，但是有着粗粝刺耳、带着浓重鼻音的难听声音，并且其职业还会受到这种声音的拖累，这难道不可惜？想一想对于一个孩子来说，这会是多大的缺陷啊！

在美国，我们发现孩子们从学校毕业时，这些教育机构已经用数学、科学、艺术和文学，教会了他们如何从生活中寻求最大最好的收获，但是没教会他们甩掉那粗糙带着鼻音的令人反感的声音。

很多聪明的年轻人从大学里获得了学位，但是他们的声音却那么刺耳，

---

① 美国牧师、作家。

让神经敏感的人很难与他们交谈下去。

当人的声音受过训练，经过恰当的调制之后，还有什么比人的声音更加迷人？当清晰流畅悦耳的声音像从神圣的乐器上倾泻而出时，聆听这样的声音真是一种礼遇。

我认识一位女士，声音是那么迷人，所到之处，只要她一开口，大家都禁不住凝神倾听。她的声音让我迷醉。她相貌平平，但是她的声音似天籁，无法抵挡，并从中透露出她的多闻博识和迷人的个性。

在社交场合，我听到过有些女性的声音非常尖锐，强烈地刺激人的神经，所以我时常被迫远离她们。

纯洁、低沉、经过训练的声音假如能够透露出文化和雅训，吐字清晰，并且抑扬顿挫，表达灵魂，那么对大多数人来说，将是神赐之物。

第六章
得体的奇迹

才干固然重要，得体却是一切。

才干不是得体的对手，我们到处都可以看到才干的败绩。在人生的赛跑中，常识走的才是正路。

所谓的得体是一种极其微妙的品质，很难定义，也难以培养，但是对想出人头地，想在世上走得迅速而平顺的人来说，又是不可或缺的。

有些人很明白什么是得体，所以他们从不会冒犯别人。他们看上去直言不讳，但是同样的事要是别人说了，会是大大的冒犯，可从他们嘴里说出来却没事。

另外，有些人尽管没有恶意，但是不管说什么，都会刺激别人的神经。这样的人不太能适应环境，所以在人生中不断被误解。他们总是不断地坏事。他们总是无意中冒犯别人，揭别人的伤疤。他们总是在错误的时间做错误的事。他们总是弄错线索，结果谜团不但没解开，反而越扯越乱。

人们因为不知道如何在正确的时间做正确的事而磕磕巴巴，错误连连。因为这样的不当言辞而给世界带来的损失，谁能够估算？我们常常看到一些大才被浪费、被滥用，原因是这些人缺乏我们称之为“得体”的那个难以名状的珍贵品质！

你也许上过大学，在自己的专业领域训练有素；你也许是某方面的天才，在现实中却吃不开。但是，倘若你懂得得体之道，让你的才干和坚持不懈结合起来，那么你肯定会得到升迁，肯定会出人头地。

一个人不管有多少才能，倘若不知道怎么用，不知道什么该说，什么不该说，不知道如何在正确的时间做正确的事，那么他的才能就不会得到有效利用。

成千上万的人虽然才干不高，但是深谙得体之道，所以，和那些虽然有才，却不懂得得体之道的人相比，往往更有成就。

我们随处可以看到，有些人在奋斗的过程中，因为没有掌握得体之道，所以失去了朋友、客户、金钱。商人失去顾客，律师失去大客户，医生失去病人，编辑失去作者，教师失去职位，政客失去对群众的影响力。这一切全都是因为不懂得得体之道。

在商务活动中，尤其对商人来说，得体是重要资产。在大都市，吸引顾客的花样繁多，得体是其中一种重要的手段。

一位大商人在所列出的成功列表中，把得体排在首位，位于激情、商业知识和穿着三者之前。

下面一段选自一封信，是一位商人写给顾客的。这封信就是一个例子，反映出精明的商人对得体的理解：

“对我们之前的交易有任何不满，我们都应该心存感激，因为我们可以立刻进行改进。”

想想那些因为银行柜员或出纳态度不好而被气走了的有钱客户！

一个人要想事业有成，就必须有能力赢得同伴的信心，缔结长期的友谊。好朋友一有机会就会把我们的书夸奖一番，对我们的货物“美言几句”，为我们最近办理的一桩案子进行详细解释，或者对我们的医术宣传宣传。有人造我们的谣时，他们会捍卫我们的名誉，驳斥造谣者。不懂得体之道，就不能享受朋友带来的这些好处。

很多人因为与他人相处不好，而被压制。他们天性使然，总是惹恼别人，使别人对自己产生偏见。他们似乎无法与别人合作。其结果是，他们只能单干，永远也得不到友谊带来的助力。

我有个熟人，此人颇为勤勉，但是因为缺乏得体之道，成效很低。他与人永远也处不好。慷慨大度的人和领袖所具备的品质不仅没有，却似乎拥有相反的品质，到处树敌，以致他的生活很不如意。因为他压根儿就不知道别人所说的得体是怎么回事，所以他总是做错事，说错话，不仅无意中伤害了别人，同时也抵消了自己的工作效率。他总是冒犯别人。

我们都认识一些人，他们以直言不讳而自豪，想说什么就说什么。他们认为这是诚实，是优秀性格的标志。他们认为说话“拐弯抹角”，处事圆滑，是软弱。他们相信的是“有一说一，有二说二”和“该怎么说就怎么说”。

人们承认他们诚实，但是他们因不谙得体之道、缺乏常识和良好的判断力，总是把事情给弄糟。他们不懂为人处世之道，没办法与人相处，总是麻烦不断。

事实是，我们都希望别人能够体谅我们，不要对我们直来直去的。圆滑是升华为艺术的常识。

直言不讳这种品质人们并不喜欢或欣赏。以直言不讳而自豪的人通常朋友都不多，生意往往也不大，事业一般也不成功。真相倘若令人受伤，往往还不如不说出来。

马克·吐温[①]说过：“真相很珍贵，应当少用。”

“人可以缺乏学识和智慧，”约瑟夫·艾迪生[②]说过，“只要他不缺常识，行为友善，就会比聪明但脾气坏的人更能抚慰别人的心灵。”

“一件小小的、令你不以为意的事所拥有的阻力往往费大力气也无法克服。”另一位作家写道。

---

① 美国幽默家、小说家、演讲家。

② 英国散文家、诗人。

再引一段：

“得体的人不仅会从自己熟知的事物当中收获最大利益，而且能从许多自己不了解的事物当中获益。与展示自己博学多才的学究相比，他通过巧妙掩饰自己的无知，反而得分更多。”

在法国大革命期间，巴黎街头，长官正要向小分队的士兵下令开枪，这时候，一位年轻的中尉请求去劝说。他走到最前列，脱下帽子，说道：“凡是绅士都请回去，我接到的命令是向暴徒开枪。”暴徒们一下子就散了，未发生流血事件，这条街道的危机因此得到了解除。

“善意的幽默几乎时刻都会被用到得体之中，使得其中蕴含的温和的强迫变得甜蜜。我们时常被诱导去做一些事，但是后来发现那些恰恰是最好、最正确的事，不过对我们受到诱导的巧妙手段，我们却禁不住会心一笑。此处对得体的使用中，不需要欺骗，只需要进行正确的诱导，就会让犹疑不决的人动心。这就是使得正确的事及时完成的艺术。”

有人说过：“有鱼必有饵。”就像什么样的鱼必有什么样的饵一样，一个人不管有多怪，只要有人能够搔到其痒处，他就会被打动。

在一所公立学校里，有个八岁的男孩犯了错，遭到一位老师的斥责。男孩正打算否认自己的错误，这时老师说：“我都看见了，杰瑞。”“哦？”男孩立马回答，“我就说嘛，您那漂亮的黑眼睛怎么会看不见？”

懂得得体之道的人懂得如何把别人隐藏的东西召唤出来，懂得如何诱导他们把自己最优秀的东西表达出来，所以很快就会和别人交上朋友。我们都崇敬那些对我们的事感兴趣的人，那些并不总是谈论自己和自己兴趣的人。

当威廉·潘恩[①]去觐见查理二世时，为了不违背贵格派教义，他没有脱下帽子。国王并没有生气，相反，却脱下自己的帽子，以示尊重。“请您戴上帽

① 英国政治家、美国宾夕法尼亚州开拓者之一。1681 年，查理二世为了偿还欠潘恩父亲的债，把一大片土地交给潘恩，这片土地被命名为“Pennsylvania”。

子，查尔斯教友。”潘恩说道。“不了，潘恩教友，”国王回答，“这里一般只有一个人戴帽子。”

爱德华国王还是个王子时，因为举止得体和温文尔雅，所以很快成为联合王国最受欢迎的人。

有些人似乎总也学不会得体，因为他们对微妙的促进根本无从理解。他们往往很迟钝，对敏感之人根本无法理解。

有位女士在去乡下拜访之后，写信给女主人，说要不是手被蚊子咬痛了，此行会很愉快，并且说能回到舒适的盥洗室似乎很爽。

有人曾说过：“一切成功的秘诀就是对周遭的事做出反应，适应周围的环境，富有同情心，乐于助人，了解时代所需，说别人愿意听的话以及他们在正确的时刻必须聆听的话……仅仅做对事是不够的；即使是对的事，也必须在正确的时间和地点做。”

得体是多种要素的组合，包括好的脾气、睿智、敏锐，以及迅速应对的能力。它从不会冒犯别人，即使有所怀疑，也会令人得到安抚。它对人采取欣赏态度。它可行，也不需要作假，表面上关心的是另一方面的利益，却让人找不出任何自私自利的地方。它不挑衅，不惹事，也不故意气人。

得体就像优雅的举止，让崎岖之路变成坦途，令举止变得流畅自然，将对别人关闭的大门打开，使自己在别人等待接见时已经成为座上客，在别人被拒绝时能够登堂入室。它让你即使贫穷，也能跻身富人出没的小圈子。它能让你获得美德得不到的职位。

得体是一位了不起的经理人。在天才都无能为力的地方，有了它，不需要有多大能耐，就能轻易影响别人。

有了它，一个平庸的妇女也能成为社交场合的领袖，也能对政治家以及形形色色的杰出人才施加影响，相反，一个更聪明、更有才的人却因为不懂得得体之道而默默无闻，看上去毫无影响力。

我曾经到一户人家里做客，女主人每天的所作所为在我看来简直就是奇迹。丈夫每天吃早饭时总是急匆匆的，手拿一份报纸，因为倒霉的生意或在俱乐部待得太晚而心情烦躁。他是个神经紧张的人，早晨任何事都会激怒他。他吃早饭从不准时，一旦他来了，但凡有任何东西没准备好，他就会勃然大怒，使得一整天家里都不得安宁。仆人们都躲得远远的，他们都害怕主人的毒舌和火暴脾气。

不过不管发生什么，温柔娴静的妻子都能沉着应对。不管发生什么事，她都不失温柔，都能得体地插进来，平息事态。倘若丈夫对咖啡不满意，她会立刻把杯子端走，走进厨房，几分钟后，端来一杯散发着奶香的新咖啡，让坏脾气的丈夫暂时安静下来。

丈夫在发脾气时，有时会在餐厅摔盘子。耐性好的妻子这时就会解释说丈夫的生意艰难，最近身体一直不太好。

有时候丈夫过于颐指气使，仆人们威胁说要辞工，这时候妻子就会很得体地将事情摆平。

妻子似乎没有对付不了的事，总是能将风暴平息，用温柔和甜蜜来解决一切是非。她在家里就像一束阳光，所到之处，都洒满光亮、温暖和美丽。

医生出诊，哪怕不用药，也应当能够让病人受益。医生应该心情愉悦，对生活充满热情，这样来到病人面前，就会令病人开心，给病人以希望和鼓励。哭丧着脸、脾气坏而又不懂得体之道的医生绝不是个好医生。只有那些自己快快乐乐、开开心心的人才应该去给不幸的病患看病。医生的性格与其事业的成功与否以及治愈病患机会的大小有很大关系。

凡是会令人沮丧、泄气和绝望的事物都应当远离病患。医生的来访应当成为鼓励的信号。陪同来访的应当是希望和信心。医生应当浑身散发出开心和鼓励。无论是哪个社区，一个野蛮粗俗的医生都是灾难。实际上，医生的个性和得体有时比医术更重要。

有些医生认为病人已经无法治愈时，会直接把真相告诉病人。其实，每个医生都知道谁也说不清一种病的最终结果是什么。开心的鼓励能帮助很多人度过危机，从而拯救很多人的性命；相反，事实真相可能将病人求生的力量削弱至危险境地。在人生中，将残酷的真相残忍地、赤裸裸地讲出来会造成无法言说的不幸，摧毁很多友谊。

拿破仑在交谈中，曾吓坏过不少女士。

有一次，他在大庭广众之下，在一群宫女的听觉范围之内，对当时最漂亮、最有宫廷范儿的女士之一雷诺夫人说："你知道吗，夫人，你老得好快。"她当时只有 28 岁，非常克制地说："我要是真到了那个年纪，陛下您的话是很不中听的。"

还有一次，拿破仑被引荐给一位他非常渴望见到的女士，见面却说："天哪，他们可告诉我你长得很漂亮的！"

世上有很多人，凡是他们没兴趣的人，便不会刻意去讨好，表现得很不得体，真是令人哀叹。别人要是有什么小习惯或癖好让他们不舒服，他们一点都不在乎能否和此人交往，毫不犹豫地表现出自己对此人的厌恶。倘若迫不得已和不吸引自己的人做伴，他们要么态度冷淡，拒绝交谈，要么让别人觉得不舒服、不自在。

对于我们不在意的人，我们要强迫自己，让自己变得有趣，善于交际，这是世上最好的处世原则。如此，我们就会惊奇地发现，即使是让我们感到厌恶的人，也会很风趣。但凡是聪明有教养的人，都不难在别人身上发现真正有趣的东西。

事实上，我们的偏见往往很肤浅，常常是建立在不幸的初次印象上的，因此我们常常发现，那些起初令我们讨厌、缺乏吸引力、跟我们毫无共同之处的人，到头来却成为我们最好的朋友。了解了这一点，我们就应当给别人一个机会，而不是匆匆做出结论说我们不喜欢此人。

我们都是偏见的动物。经验告诉我们：即使是我们友好对待的人，也仅仅会因为不了解我们，从而对我们产生误判，不喜欢我们。他们因为虚假的印象或者匆匆得出的结论而对我们产生偏见，不过在大家熟悉之后，偏见会逐渐消失，那时他们就能够欣赏我们的优点了。

有作家是这样描述构成得体的要素的：

“对人性，包括恐惧、软弱、期待和倾向，要了解和同情。”

“要能为别人设身处地地想一想，从别人的角度看问题。”

“要大度，有可能冒犯别人的想法千万不要说出来。”

“要有能力迅速识破什么是权宜之计，必要时要乐意让步。”

“要认识到世上有千千万万种意见，你的只是其中之一。”

“要心怀善念，以德报怨，让敌人也欠你人情。”

“要识时务，优雅地接受现实。”

“温柔，开心，真诚。”

有些人是色盲，无法辨别欣赏细腻的色彩变化。不过更多的人却不识得体之道。

“千万别提今天将要发生的处决犯人之事，”一个不懂得得体之道的男人和妻子在赶赴午宴的路上，妻子告诫丈夫说，“屋里的人尽管不说，不过和 H 小姐却都是远房亲戚。”

丈夫把告诫牢记在心，所以一切顺利，不过就在访问要结束时，他却打破沉默，说了一句很冒昧的话：

“哎呀，我想 H 小姐此刻已经被处死了。”

得体之人在与我们初次见面时，会想方设法弄清楚我们对什么感兴趣，喜欢谈论什么，他们不会谈论自己或者自己在做什么，因为他们认为什么也比不上你自己的事或者有关你自己志向的话题更让你感兴趣。而不得体之人却总是谈论自己感兴趣的事，因此不仅让老朋友厌烦，也让陌生人讨厌。

让自己对别人感兴趣，触动对方的心弦，令对方有所回应，从而使陌生人与你初次见面，就觉得双方谈得来，这是一门了不起的艺术。有人说过，要想测试一个漂亮女子的受欢迎程度，就要看她是否看上去属于每一个人！

初次与得体之人相遇，那是多么轻松的事啊！不管情况有多尴尬和窘迫，他们都会立刻让我们放松下来。要想知道你是不是得体之人，那就看你能否让羞怯的人，让没见过世面的人，立马放松下来。不要介意你到底懂得些什么。千万不要让你在某方面的博学将别人弄晕。你只需要弄清楚别人对什么感兴趣，让他们感到舒服自在就行。

第七章
我有一个朋友

啊，友谊！万物之中最优秀，因此也最珍贵、最稀罕！在苦难中，它总能够提供甜蜜的抚慰；在发达时，它总能够提供可贵的建议。

“我有一个朋友”，和拥有甜美、忠诚、有益的良友相比，人世间还有什么更美好的事物？这样的朋友不受富贵和贫贱的影响，甚至在我们身处逆境之时，比我们在顺境时更关爱我们！

朋友是沉默的伙伴——他们个个都对自己朋友感兴趣的事物感兴趣，都努力帮助朋友在人生中取得成功、给世人留下好印象，让朋友代表自己身上最美好而不是最糟糕的东西，努力帮助朋友完成自己想做的事，为朋友的一切好事而高兴。与朋友的忠实、奉献相比，还有什么更崇高、更美好的事物吗？

尽管能力卓著，但是西奥多·罗斯福倘若没有那些强大、热情、坚忍不拔的朋友鼎力相助，肯定无法取得现在的成就。倘若没有那些忠实的朋友，尤其是在哈佛大学上学时所结交的朋友，他能否当选总统还很难说。他在竞选纽约州州长和美利坚合众国总统时，有好几百个同学和校友为他奔忙。在总统选举期间，他和麾下的“莽骑兵”之间的友谊为他从南部和西部赢得了好几万张选票。

一群热心的朋友时时刻刻关注我们的兴趣，无时无刻不为我们工作，一有机会就鼓励我们、支持我们，在我们不能现身但是需要朋友为我们遮挡敏感薄弱的环节、阻止流言蜚语、破除谎言、改变错误印象、克服因为失误而造成的偏见或者因为我们一时愚蠢而留下的不良印象时，能为我们说话，并且总是做一些能够提振我们、帮助我们的事，请想一想这意味着什么！

要不是有朋友相助，我们很多人将会是多么不幸的角色！要不是有朋友为我们挡开了致命的打击，为我们的伤口抹上药膏，我们很多人的声名将会有多么狼藉！要不是有朋友为我们带来客户和生意，要不是有他们一直鼎力相助，我们很多人会比现在穷得多！

天哪！对我们的软弱、怪癖、缺点和失败来说，朋友是多么大的恩赐啊！他们用慷慨大度掩盖我们的缺点和不足！

看见一个人在朋友的弱点或疤痕暴露之前，把窗帘拉上，从而使朋友免受无脑或无心之人的毒舌，将朋友的弱点埋藏在沉默之中，或者夸耀朋友的美德，什么能够比这个更美丽？对于这样的人，我们唯有崇敬，因为我们知道他才是真正的朋友！

在这世间上，还有什么比真正朋友的友情更神圣？我们究竟有几人能够明白维护别人的名声意味着什么？我们发出的报告，我们对他人的评判，都和朋友的成功与否有很大关系。倘若我们对谣言不加遏制，谣言就有可能影响朋友一生的声誉。

我所知道的最为动人的一件事就是一位真心朋友的忠诚。我认识这么一个人，他的朋友已经失去自尊和自控，堕落在野蛮人的边缘。哎呀！这一段真正的友谊在我们连自己都不能维护自己时，却挺身而出，维护我们！当他的朋友已经成了酒鬼，干着各种坏事，甚至被家人扫地出门时，他却坚定地和朋友站在一起。当朋友被父母妻儿抛弃时，他却依然忠诚于自己的朋友。当朋友晚上出去鬼混时，他会在后面跟着，有好多次，朋友醉得站不起来，因为他的相助而没有在外面挨冻。他曾离家几十次，外出到贫民窟去寻找自己的朋友，使得朋友不至于忍冻挨饿或者被带到警局。这样的大爱和奉献终于使浪子回头，让其重回家庭，重新过上体面的生活。这样的付出能够用金钱来衡量吗？

哎呀！对大多数人来说，一个朋友会给我们的生活带来多么大的变化啊！有多少人因为一段坚强忠诚的友谊而从绝望中走出，继续为成功而奋斗！有多少男女因为想到了有人还爱着自己、相信自己而放弃了自杀的念头，又有多少人因为不想让朋友丢脸或失望而宁愿忍受折磨！友情之手和从充满同情的友善话语中所传达的鼓励曾是多少人的人生转折点！

很多人因为有了朋友，有了那些爱他们、相信他们的人，那些在他们身上发现别人发现不了的品质之人，所以才不畏艰难，甘于忍受贫困和批评，希望有一天能够取胜。没有这些朋友，仅凭他们自己，他们可能早就放弃了。

对朋友的信任是一种永恒的刺激。在其他人误解我们、批评我们时，朋友鼓励我们，让我们感到还有人真正相信我们。

“多交朋友可以使人生得到强化，”西德尼·史密斯[①]说过，“爱与被爱都是人生最大的快乐！”

一个人开始做生意时，还有比大量朋友更丰富的资本吗？如今很多成功人士要不是有朋友曾在关键时刻帮一把，在危急关头早就放弃挣扎了！要是没有朋友为我们所做的一切，我们的生活将会多么贫瘠瘦弱！

假设你正准备创业，你还有一帮好哥们儿，那么这将会给你提供极大的支持，将会给你带来客户。有人曾说过：“命运是由友谊决定的。”

假如我们能够分析一下成功人士的生活，分析一下那些深受部下拥戴之人的生活，找出他们成功的秘诀，那将非常有趣，而且非常有益。

我曾经拿其中一个人做过这样的分析。我对此人的事业进行过长期的仔细研究，认为此人的成功最起码 20% 要归功于其交友能力。他从儿时就孜孜不倦地培养友谊，用热情把朋友紧紧地聚拢在自己身边，使得朋友们愿意为他

① 英国作家、牧师。

做一切。

当此人开始自己的事业时，他在中学和大学缔结的友谊开始发威，帮助他谋取到想要的职位，使他不仅获得了难得的机遇，而且大大提高了他的声望。

换言之，因为得朋友之助，他的天赋能力被放大了许多倍。不管做什么事，他似乎都有一种特殊的才能让朋友们感兴趣，赢得朋友们热情真心的帮助，因此朋友们也总是想方设法让他的兴趣得到发展。

很少有人会感激朋友之助，尽管他们都欠朋友这份感激。大多数成功人士都认为是自己能力出众，是靠自己的拼搏和征服，才赢得了胜利。他们总是吹嘘自己的成就，他们把成功完全归功于自己的聪明和睿智，归功于自己的努力与奋进，他们认识不到有几十个朋友像不领工资的推销员一样，时时刻刻都在帮助自己。

“真正的友谊就像健康，”C.C. 科尔顿[①] 说过，“在失去之前，很少有人了解其价值。”

朋友的性格和立场对你的生活会有显著的影响。所以，作为原则，应该尽量选择积极向上的朋友。[②] 要尽量和比自己强的人交往，不过这并不是说和更有钱的人交往，而是和更有文化、更懂得修身、更有学问、受过更多教育的人交往，这样你就可以尽量汲取对你有益的成分。这样做将会提升你的理想，激励你追求更崇高的事物，让你为出人头地而更加努力。

我认识一些年轻人，他们并不缺狐朋狗友，但是这些朋友对他们并不能有所帮助或提升。他们专交不如自己的朋友，而不是结识比自己强的。

假如你习惯性地与不如自己的人交往，你的这些朋友就会把你往下拉，削弱你的理想和雄心。

我们很少意识到朋友和熟人对我们的巨大影响。我们接触的每个人都会

① 英国牧师、作家、收藏家。

② 这句话跟孔子所说的“无友不如己者”有异曲同工之妙。

在我们身上留下不可磨灭的印记，这种印记就如同这个人的性格一般。倘若我们养成习惯，只和更优秀的人交往，那么我们就会在不知不觉中养成自我修身的习惯。

维持很高的人生标准是件很伟大的事。一个积极向上的习惯会促使我们这样做。不过我们对朋友也不能要求太多，要学会宽容。

“朋友是什么样就什么样，不要苛求他们达到你的某些理想化的要求，”一位作家写道，“你会发现他们的标准尽管不同，但是也不那么糟糕。”

通过他所结交的朋友，我们就可以对一个陌生人做出评判。我们可以相当准确地判断出他究竟是个怎样的人，究竟是言行一致，还是口不应心，不可信赖。

找个没有朋友的人观察，你会发现此人身上有某个地方很不对劲。他要是真的值得交往的话，他就不会缺乏朋友。

“广交朋友”并非一句空言，而是具有真正的市场价值。对一个“广交朋友”的人来说，这意味着门被打开，机会到来。这样的门和机会仅仅靠有钱往往是得不到的，而整天愁眉苦脸的人甚至连听都没听说过。

没有朋友的人才是真的穷！有什么财富能够替代友谊？有多少富豪宁愿付出大部分的财富来挽回因为忙于赚钱而失去的友谊。

不久前，纽约的一位有钱人去世，来参加葬礼的除了亲属外，不超过十人。几个星期后，另一个人去世，留下的财产不足一千美元，但是前来告别的人群不仅占满了一个大教堂，而且连附近的街道都被堵得水泄不通。

后者深爱自己的朋友，就如同吝啬鬼热爱黄金一般。凡是认识他的人似乎都是他的朋友。他也非常自豪自己富有友谊，而不是金钱。他愿意把最后一美元与需要的人分享。他从不贵卖自己的服务。他的一生都奉献给了朋友，毫无保留地、忠诚地、大方地奉献给了朋友。他的一生当中，没有任何一件事会让人想起自私或贪婪来。这样，成千上万的人把他的离世视为自己巨大的损失还有什么好奇怪的吗?

“交友时,”塞涅卡[①]说过,“不能有所保留;在结交前,你可以尽量算计,但是结交后,则不容怀疑或嫉妒……结交前需要花时间来衡量,但是一旦做出决定,就要真心相待……友谊的目的就是找到一个比自己更珍贵的人,找到一个我宁愿牺牲自己生命来挽救对方的人,心中要意识到真有睿智的人才能成为朋友,其他人只是同伴而已。”

唯有牺牲生命之人,唯有庄严而又友善地帮助他人、为他人献出生命的人,才能找到友谊。这是能够丰收的播种。攫取一切而一文不舍之人绝不会获得真正的财富。这样的人就像舍不得把种子播下的农夫,以为把种子窖藏起来就能够变富。他不愿将种子播到土壤里,是因为他看不到种子中蕴含的财富。真正的财富与其说是用我们自己在世上走了多远来衡量,还不如说是用我们帮助别人在世上走多远来衡量。

在这片大陆曾经生活过的最富有之人也许是亚伯拉罕·林肯,因为他把毕生奉献给了人民。他并没有将自己的才华卖给最高出价者。巨额费用对他来说没有吸引力。林肯活在历史中,因为与钱包相比,他更关心朋友,而他的所有同胞都是他的朋友。正如农夫将种子奉献给了土壤一样,他把自己奉献给了国家。他播下的种子带来了多大收获啊! 真可谓一望无际!

美国人民生活中最悲伤的一段就是美元追逐者对友谊的屠戮。

我们这种忙忙碌碌像打了鸡血的生活不同于其他国家,不利于缔结真正的友谊。我们没有时间结交朋友。巨大的资源和机遇往往会养成异常的野心。丰厚的奖赏诱惑着我们的天性,诱惑着我们身上野蛮的一面,我们整日脚步匆匆,除了那些有助于我们实现目标的人,我们没有时间去培养友谊。

其结果是,我们美国人有很多迷人的点头之交,有很多对我们有所帮助

① 古罗马斯多葛派哲学家、政治家、戏剧家。

的熟人，很多给我们带来丰厚报酬的熟人，但是我们真正的朋友寥寥无几。

事实上，巨大的物质奖赏养成了一些异常令人讨厌的品质，同时却将很多我们最渴望的品质扼杀了，使我们失去平衡。

我们的大脑中已经长出巨大的金钱腺体，不停地分泌美元，与此同时，我们却失去了无价的东西。我们已经将友谊、能力、精力和时间商品化。一切都转换成了美元，结果是我们有了钱，但是很多人穷得只剩下钱了！

成千上万的富人一旦走出自己的小圈子，就成了素人。他们高级的脑细胞不够多，身上高尚的部分也不够多，因此还算不上高等人。他们赚钱的能力是一流的，但是在其他方面是二流或三流的。他们把一切——友谊、工作和影响力——都换成了美元。

这世上还有什么比拥有大把的金钱却没有任何朋友更令人毛骨悚然的吗？倘若我们牺牲了友谊，牺牲了生命中最神圣的东西来获取所谓的成功，成功又有什么意义？我们也许有足够多的熟人，但是熟人并不是朋友。这个国家有很多富人，他们压根儿就不知道友谊为何物。

有一种所谓的“友谊”只能同甘，不能共苦。“真正的友谊，”乔治·华盛顿[①]曾说过，“是一种慢生植物，在当得起其名之前，必须经受考验。”

我认识一个人，他一度以为自己的朋友遍布天下，可是在他没了钱也没有了影响力之后，以前对他忠心耿耿的人都把他抛弃了。可怜的家伙非常沮丧失望，差点发疯。

幸好在逆境中，还有几个真心朋友对他不离不弃。在他失去房子和大公司之后，两个老仆将银行里的每一分钱都掏出来，帮助他东山再起。曾经为他工作过的一位工程师对他也很忠诚，把所有钱都借给了他。得这些真心朋友之助，此人很快又获得了地位，并在较短的时间内再一次成功。

① 美国首任总统。

凡是把友谊当买卖，把友情视为资源的人，都不能相信。凡是从你的友谊中看到投资机会，想着利用你的人，都不能相信。利用友谊来牟取私利，这种情况于今为烈！

珍视友情的人在和朋友做生意时，一定要慎重，在借钱问题上尤其要谨慎。人性有一个显著特点：除了借钱，有些人甘愿为我们做一切，我们可以请他们帮任何忙而不用担心失去信任和友谊。

我们有多少人后悔过曾经向朋友开口借钱，因为即使钱很爽快地借到了，从此以后却感觉到总有些不对劲。有些人对借钱的人或多或少有些看不起。尽管这样做不对，但是事实就是如此。对有些人来说，只要你不借钱，不寻求物质帮助，其他几乎一切都可以商量。总的来说，借钱会伤及友情。你也许会说真正的友谊不会轻易受到伤害，不过很不幸的是我们大多数人在这方面都曾有过心酸的经历。我们也许借到了钱，或者得到了帮助，但是其结果是我们和朋友之间的关系疏远了，紧张了。

有一种新的友谊如今越来越时髦，那就是生意场上的友谊。这种友谊就意味着锱铢必较。这种友谊的动机是自私的，所以是一种危险的友谊。说它危险，是因为它和真正的友谊非常相像，以至于很难分辨真假朋友。

我就认识这么一个人，此人极度缺乏结交真心朋友的能力，却努力地结交生意上的朋友，以达到自己的目的，其结果是他对每个人似乎都很友好，陌生人初次相见就会觉得自己交到了一个真正的朋友，而事实上，只要此人觉得对自己有利，一有机会，就会毫不犹豫地牺牲自己的朋友。

一个人倘若戴着自私的眼镜看待一切，那么他就不可能成为任何人的真心朋友。

纽约等大都市有很多人以出卖友谊为职业。他们有一种神奇的魔力，可以迅速而有力地吸引别人，与此同时，他们却在编织自己的小蜘蛛网，等到受害者意识到了，却发现自己已经身陷险境，不能自拔。

投资自我
Self-investment

一个人最可耻的行为之一就是踩着别人，爬上高位，然后再把别人一脚踢开。

因为友谊有所回报，友谊能够扩大自己的生意、增强自己的吸引力和影响力、提高自己的信誉，友谊给自己带来更多客户，因而培养友谊，这种习惯是危险的，原因是它会把真正的友谊扼杀。

有一群朋友，他们因为我们自身而热爱我们，从不会“磨刀霍霍”向我们，相反，在我们需要的时候，总是愿意牺牲自己的舒适、时间和金钱来帮助我们，这是一件多么令人愉快的事啊！

马尔库斯·图利乌斯·西塞罗[①]曾说过，人类从不朽的神祇手中获得的最美好、最开心的事物就是友谊。不过友谊必须培养。友谊不能用金钱购买，友谊是无价的。倘若你埋头赚钱，抛弃朋友达四分之一世纪以上时间，那么你想重拾友谊，那是不可能的。你曾经不劳而获过吗？

只有愿意付出代价来结交朋友、维系友情的人，才会交到朋友。和全心全意赚钱的人相比，他也许没那么有钱，但你是乐意有一群铁杆好朋友信任你、在关键时刻为你挺身而出，还是乐意自己多赚点钱？什么能够比一群好朋友更能够丰富我们的生活呢？

很多人似乎把友谊看成单方面的事。他们享受和朋友在一起，享受朋友来看望自己，但是他们很少想到要礼尚往来，要花功夫维系友谊。事实上，礼尚往来才是友谊的精髓。

无论你多么博学，有多少才艺，除非你时刻与他人紧密接触，除非你富有同情之心，对他人真正感兴趣，与他人同甘苦、共患难，帮助他人，否则你的生活必定非常孤独，冷冰冰的，没有任何朋友。

我认识一个年轻人，总是抱怨自己没有朋友，并且说自己处在孤独之中，

① 古罗马哲学家、政治家、演说家。

有时甚至想到了自杀。不过认识他的人对他的孤独并不感到奇怪。他身上有些东西令人反感。他手很紧，在金钱上非常小气，而且总是批评别人，悲观，缺乏慈悲情怀，充满偏见，自私贪婪透顶，在别人进行善举时总是怀疑别人的动机。就这样，他却还奇怪自己为什么会没有朋友！

你要想结交朋友，就得培养一些你在别人身上看到的且为你所欣赏的品质。牢靠的友谊是建立在善于交际、慷慨大度、真诚待人的个性上的。谈到吸引别人，什么都比不过慷慨善良以及一颗乐于助人之心。你对别人的兴趣必须发自真心，否则你不可能把人吸引到自己身边。

装腔作势或隐瞒欺骗不可能维系伟大的友谊。相反的品质不可能彼此吸引。友谊毕竟主要是建立在相互欣赏的基础上的。你身上必须有某种有价值的东西，某种可爱的东西，别人才会爱上你。

很多人因为缺乏那些令人惺惺相惜的品质而不能够缔结伟大的友谊。假如你全身都是缺点，你就不能指望别人关注你。

假如你非常小气，不能容人，假如你待人冷淡、心胸狭窄、充满偏见、小气、卑鄙、缺乏同情之心，你就别指望会有慷慨大度、品德高尚的人聚集在你身旁。假如你想和心胸开阔、品德高尚的人结交，你就必须有心胸开阔、慷慨大方、大肚能容的品质。很多人没有朋友的一个原因就是他们能给的东西太少，而期望得到的东西太多！开朗的性格，分享快乐的愿望，乐于助人的品性，这些都是友谊的神奇助力。

一旦你开始培养可爱的品质，朋友就会被吸引到你身边，其速度之快会让你讶异。

在最高友谊中，正义和真理是不可或缺的。做朋友的越正直真实，哪怕伤害我们至深，我们也越尊敬这样的朋友。我们会情不自禁尊敬正义和真理，因为正义和真理是我们个性中的一部分，上帝就是沿着这个思路创造了我们。因为顾及友情而不敢说真话，害怕伤及友情而不敢伸张正义，这样的友情和真正的友谊相比，绝对没有后者那么令人崇敬。

人性当中天生就有某种东西，让我们鄙视伪善。倘若朋友的某项弱点使得他很难百分之百真心，对这样的弱点我们也许会视而不见，但是倘若我们发现他试图欺骗我们，我们从此就再也不会像从前那样信任他，而信任恰恰是真正友谊的基础。

“友谊总是有爱为伴。真心朋友都不是匆匆忙忙结交的。什么朋友都比不上小时候和你一起掏鸟窝、和你肩并肩一起走过人生之路的老朋友。

“倘若你有这样的老朋友，只要你对他们的友善心存感激，就一定要时刻抓紧这样的友谊。要对他的事务真心感兴趣，让你为他所做的一切成为他的快乐之源。

“在朋友之间，懂得感恩是最受欣赏的，相反，对友谊伤害最大的就是忘恩负义。

“真正的友谊就像稀世珍宝，在展示时，千万要注意不要损害这份友谊，因为友谊一旦破裂，就会给双方带来终生的痛苦。”

相比于激情，恒久的友谊更多地依赖于尊重、敬仰和惺惺相惜。当爱已经深到足以不顾正义和真理时，朋友就很有可能做到头了。最坚强的友谊，最持久、最一往情深的友谊都是建立在原则、尊重、仰慕和敬重的基础上的。

“如果有地狱，而且有朋友要下地狱的话，我愿和他一起下地狱；如果我还有朋友留在外面的深渊中，我不愿去我曾读到过的天堂。”这段令人震惊且斩钉截铁的话是米洛特·J. 萨维奇牧师[1]在关于“友情”这个话题进行布道时说的。

“假朋友就像影子，当我们行走在阳光下时，离我们很近，但是我们走进阴影时，却会离我们而去。”克里斯蒂安·耐斯特尔·博维[2]说过。

---

①美国作家。

②美国作家。

真正的友谊不仅跟随我们走进阳光，也跟随我们走进阴影和黑暗。

交友的能力是对一个人性格最大的考验。我们本能地相信那些对朋友不离不弃的人。它意味着此人拥有伟大的品质。一般来说，你可以信任一个从不背弃朋友的人。不忠之人不可能缔结伟大的友谊。

总而言之，衡量一个人成功与否，最好的办法难道不是看他有多少朋友吗？朋友的质量又如何？一个人不管有多少钱，倘若朋友不多，那么他身上肯定缺少某些优秀的品质。儿童应该受到这样的教育：人世间最神圣的事就是拥有一个真心朋友，因此，他们应该受到培养，被教会如何培养友谊。这样做将会比做其他任何事情，都更能开拓其性格，发展其优秀品质，使他们的生活变得甜蜜。

说到人类，其中最美好的事之一就是拥有一帮忠心耿耿的真朋友。“谁都不会一无是处，”罗伯特·L. 史蒂文森说过，“只要他还有朋友。”

第八章
雄　心

少年时不知道向上看的到老时也只会向下看，同样，不想飞翔的人注定要爬行。

凡是满足于现状的都已经到达了顶峰，不会再有任何进步。

没有明确的目标或雄心，没有任何的人生计划，只知道日复一日地混日子，这样的人何其多！在生活的海洋上，我们发现周围有很多青年男女漫无目标地漂着，虚度时光，不管做什么事，都漫不经心，也不讲究方法。你若是从中找一个问一问他想做什么，有什么抱负，他会告诉你他自己也不太清楚将来要干什么，他只是在等待时机。

一个没有任何计划的人，你怎么能够期望他不陷入混乱之中？明确的目标对生活影响很大，它把我们的努力联合起来，为我们的工作指明方向，使我们的每一个动作都不至于落空。

在我认识的人当中，凡是天性懒惰的都没有多大出息，出人头地的都是些有抱负、敢拼搏的人。

凡是不能左右自己，不能强迫自己做一些有利于最终实现目标的事，而只做最愉快、最容易之事的人，都没有多大出息。

每个人对待自己都应当像个严厉的老师。他不能坐等机会到来，他不能想什么时候起床就什么时候起床，想做事时才做事。他必须学会控制情绪，不管想不想做事，都要强迫自己做。

大多数没有抱负的失败者都是因为太懒而不能成功。他们不愿劳心费神，不愿付出代价，也不愿做出必要的努力，他们只想开心。他们为什么要奋斗，要拼搏？为什么不享受生活，从容度日？

身体上的懒惰，精神上的漠视，得过且过，哪里阻力小就走哪条路的习性——这些就是很多人失败的原因。

一个人工作恶化的先兆之一就是雄心在渐渐地、不知不觉地收缩、消亡。我们的生活中最需要精心呵护的一种品质就是雄心壮志，尤其是在逆境之中。

凡是不希望在事业上走下坡路的人，都必须时时刻刻呵护自己的雄心壮志。一切都依赖于雄心壮志。一旦雄心壮志变弱了，人生的一切标准都将随之降低。每个人都必须不断给雄心之灯修剪灯花，使之又明又亮。

对那些会消磨雄心壮志的影响漫不经心是非常危险的。

一个人倘若服多了吗啡，医生就知道他一睡就会睡过去，所以就会想尽一切办法让他保持清醒。医生有时不得不采用一些刺激措施，生怕病人一睡就醒不过来。雄心壮志也是如此。一旦雄心壮志睡着了，就几乎再也不可能把它唤醒。

我们到处都可以看见人类制造的精美钟表，但有些钟表寂静无声，不能很好地计时。其原因是，这些钟表都缺少主发条，缺少雄心壮志。

一只钟表也许拥有完美的齿轮，拥有昂贵的钻石，但是如果它没有主发条，那么它就毫无用处。同理，一个年轻人也许接受过高等教育，身体健康，但是倘若他缺乏雄心壮志，那么他的其他装备无论怎么优秀，也没多大用处。

我认识一些能人，已过而立之年，却仍然没有选择好人生之路，他们说不知道自己适合干什么。

雄心往往在我们很小的时候就会来临。倘若我们对它的敲门之声听而不闻，倘若它向我们祈求多年却始终得不到回应，它就会渐渐不再麻烦我们，这是因为它同其他废弃不用的品质或功能一样，得不到使用就会退化或消失。

大自然只允许我们经常使用的东西存在。我们的肌肉、大脑或官能一旦停止使用，就会开始退化，其能力就会从我们身上被剥夺。

假如你不听从早期“向上”的召唤，假如你对雄心壮志不加以鼓励和滋养，不通过努力锻炼来使之强壮，那么这种雄心壮志很快就会消亡。

得不到滋养的雄心壮志就像被拖延了的决定。渐渐地它不再强求被认可，就好像不断被否定的欲望或激情通常都会熄灭一样。

环顾四周，我们不难发现雄心已经熄灭之人，他们还保留着人的样子，但是曾经在他们心中燃起的火焰已经熄灭。他们虽存活于世，但不过是行尸走肉而已。他们已经无所作为，无论是对自己还是对这个世界，他们都已经没有任何用处。

如果说这世上有什么可怜之事的话，那就是一个已经没有了雄心壮志的人——此人一次又一次地拒绝招呼他奋发向上的内心声音，他的雄心壮志之火因为缺少燃料而冷却。

一个人只要还有雄心，那么不管结果怎么坏，他都还有希望，但是倘若他的雄心已死，再也不能复活，那么他的生命激情，他的人生冲动，就不在了。

一个人最难做的事就是防止雄心渐渐丧失，让抱负永远锐利新鲜，让理想变得非常清晰明确。

很多人自欺欺人，以为只要自己还有抱负，还渴望实现理想、实现雄心壮志，自己就是在实现梦想。但世上还有一种东西，那就叫不自量力，做梦做到不能自拔。

雄心需要各种各样的食物来滋养。不切实际的梦想没有任何好处。梦想必须有坚强的意志和决心、健康的体魄和强大的忍耐力支持，才能实现。

倘若你有无法抑制的冲动，有让你全神贯注去做某件事的雄心，而这样又恰好符合你的价值判断，有利于你修身养性，那么这实际上就是通知你、告诉你，你能做好这件事，应该立刻去做。

有些人以为生活中想做某件事的雄心是一种恒久的品质，会伴随终身。

其实，他们错了。

做事最恰当的时间就是我们有心做事的时候，就是做事的念头给我们留下清晰深刻印象的时候。每一次拖延，决心都会衰弱，变得更加模糊。当欲望和野心因为热情而新鲜有力时，做起事来就容易，但是在我们拖延过几次之后，我们就会发现自己越来越不想付出必要的努力或牺牲来满足欲望和野心，因为欲望和野心对我们的吸引力已经不再像起初那么强烈。

千万不要让雄心壮志冷却。要下定决心不能也不要让自己的人生半途而废，要昂起精神，走向有价值的目标。

世上最令人沮丧的事就是去帮助毫无雄心壮志、半途而废之人。这些人天性惯于知足常乐，不思进取，既不愿尝试新事物，也不愿坚持不懈以实现目标。

一个年轻人倘若对自己单调无聊的飘荡生活和现有成绩并无不满，对自己只使出了一小部分气力、只利用了一小部分能力而把大部分精力都浪费掉并不感到不安，你会拿这样的人毫无办法。一个年轻人倘若缺乏雄心壮志，死气沉沉，缺乏活力，专挑省力的路径，能不花力气就不花力气，你拿这样的人真的毫无办法。你即使想改造他，也毫无基础可言。他人生之初的基础正慢慢崩塌，变得毫无用处。

假如人人都实现了目标，人人都实现了雄心壮志，人类将会怎样啊？到那时人在不想工作时，还会工作吗？那些又苦又累的活又由谁来干？

假使人人都生在大户人家，人生的唯一目标就是吃喝玩乐，享受一切美好的事物，什么活都不用干，尽量躲开一切不愉快的经历，倘若世界上都是这样的人，那么不需要多久就会重新回到野蛮时代。

人类想爬得更高一点，想获得更舒服一点的位置，想得到更好一点的教育，想拥有更漂亮一点的家，想变得更有文化、更优雅一些，想要拥有伴随财产而来的影响和权势，为此所做出的努力塑造了当下最优秀人物的性格和活力。

雄心是领导人类穿越荒原进入应许之地的摩西①。的确，大批的人还远远地在后面跟着，远得他们似乎连远远地看一眼应许之地也是奢望，但是即使是半文明半野蛮的人，也有所进步。

无论何时，一个民族雄心的大小都决定了其在文明中的位置。一个个人或国家的理想也决定了其现实条件及未来的可能性。

当下文明中一个最有希望的标志就是理想的进化。

在生活的每一部分，我们的理想或雄心都正在变得更高、更纯、更洁净。我们的进步非常迅速，因此我们比以往任何时候都需要更伟大的雄心、更崇高的理想、更高的智慧、更大的努力。

理想正在潜移默化地影响整个人类社会，最终将让每个人步入那种被赐福的状态，因为那是他与生俱来的权利。

只有不再成长的人才会对已有的成绩感到满意。一个成长的人总是感到有所不足。他身上的一切都在成长，所以似乎都不完美。一个拓展的人对自己的成就总是不满，总是在追求某种更大、更完整、更全面的东西。

人生中，对一个人的进步贡献最大的莫过于养成一种习惯，凡事都奋勇向上，要么不做，要做就要比从前做得更好一些，并且每天都比昨天做得更好一些。

与在我们之上的人，受过更多教育、更有文化、更优雅、更有经验的人交往，对我们的成长有莫大的帮助。我们都知道当一个人的趣味低下，只和不如自己的人交往，只会追求平凡、不道德的快乐时，会堕落得有多快，当这一过程被逆转时，向上的趋势也同样显著。

养成高尚理想的习惯对任何人都是引领其向上的巨大力量。它开拓我们

① 根据《出埃及记》的记载，摩西受上帝之命，率领被奴役的希伯来人逃离古埃及，前往一块富饶的应许之地。经历 40 多年的艰难跋涉，他在就要到达目的地的时候去世了。在摩西的带领下，希伯来人摆脱了被奴役的悲惨生活。

大脑的能力，在我们的潜意识当中唤醒新的力量和可能，而这种力量和可能对一般的野心或龌龊的动机永远也不会有反应。它唤醒我们内心的“伟人”，唤醒我们的潜意识中在通常情况下都处于休眠状态的资源。

一个人除非受到雄心和热情的激励，从而使完成任务不再是苦熬，使得负担变轻，使得前进道路上充满欢乐，否则干不了大事。干活时像划桨的奴隶、负重的牲口一样的人永远也干不了大事；干活时必须有激情和雄心，必须热爱自己的工作，否则只会沦于平庸或失败。

生活太安逸往往很难取得成功，不过热爱自己的工作会对成功大有裨益，是成功的灵丹妙药。热情似乎使我们忘却了危险和障碍。倘若你发现自己的热情正在消失，倘若你感觉不到过去对工作的那份热情，倘若你对工作的兴趣不够大，不能让你早晨急着去、晚上不想离开，那么肯定有什么地方不对劲。也许你没找准位置，也许沮丧已经消磨了你的热情。不过无论是什么，倘若你的雄心在下降，倘若你发现去工作是种折磨，倘若你发现工作时越来越苦、越来越累，那么一定要想方设法改变这一切。

倘若你对待热情、对待雄心，就像对待一项不得不去完成的工作一样，那么你很难提高自己的热情，很难刺激一颗已经倦怠的雄心。友谊不经常呵护就很难维系，雄心壮志也同样如此。

我们到处都可以看见一些人，仿佛炉火已经被封、行驶较慢的火车，他们锅炉中的水已经冷却，心里却奇怪为什么其他列车从自己身边飞驰而过，而自己却只能像蜗牛一样缓慢。他们忘记了封住的火和温吞的水是不可能把火车拉得飞快的。

这些人从不晓得要换轨，要让机头里的水保持在沸点，但是倘若他们到达不了终点，却会抱怨个不停。他们不明白为什么自己会比其他人慢那么多，从没想过其他人的路又好，机车又先进，所以才会从旁边飞驰而过。倘若他们脱轨了，他们会说自己运气不好，而不是轨道不好。

世界上大多数一事无成的人，那些误入歧途——懒惰、无聊、平庸的人，都是因为缺少雄心而失败。

渴望教育和修身的年轻人哪怕再穷，一般也能找到出路。相反，没有抱负的人基本上没有希望。没有雄心，不想有所作为的人，几乎没有任何办法去激励他们，鼓舞他们。

想做点事、想出人头地的人是很难遏制的。无论他身处何等环境，也无论他自身的残缺有多严重，他总能找到出路，总会奋勇前进。像林肯、托马斯·伍德罗·威尔逊[①]或者霍勒斯·格里利[②]这样的人，你是无法压制的。就算他们穷得买不起书，他们也会借书完成学业。

年轻人，只要还有品位，向往更美好的事物，那么无论他多么愚蠢，我们也永远不要对他失望。

你也许会认为自己的生活很平凡，做大事的机会微乎其微，但是只要你还崇敬更美好的事物，只要你还想努力，只要你还渴望完成某件更高级的事，愿意下力气去取得进步，那么无论你的地位多么卑微，无论你从事什么工作，你都一定会成功。你终会像胚芽，克服重重阻力，从土壤中钻出来一样，从平凡中脱颖而出。

我们不能通过一个人正在从事的工作来评判他，因为他正在从事的工作也许只是一块垫脚石，帮助他爬得更高，走得更远。要通过他的志向来对他进行判断。诚实的人会做任何体面的工作，把它作为通往目标的垫脚石。

每个人所处的环境中都有某种东西，可以帮助预测其未来。一个人的做事方式，他对工作的投入程度，他的行为举止，这一切都会告诉我们前方有什么在等着他。

“哪怕是擦甲板，也要像有魔鬼在后面督促一般拼命地擦。”查尔斯·狄

---

① 美国第 28 任总统，进步运动的领袖。

② 美国著名报人、编辑、政治家。

更斯[1]曾说过。

一个人倘若没有理想，也没有精力去实现目标，那么对手头的工作就有可能非常不满。仅仅对自己的职位不满并不总是意味着有野心。这也许意味着懒惰，意味着冷漠。

假如我们看到某人尽可能把本职工作做好，想方设法把事情做好，以此为荣，并且渴望做更高尚、更美好的事，那么我们敢肯定此人一定能实现目标。在我们了解某个人的雄心壮志之前，我们对此人可以说并没有多少了解。倘若此人很有毅力，也会做事，那么通过他的雄心壮志就可以很容易地确定他在人类天平上的位置。

年轻的本杰明·富兰克林[2]努力拼搏，刚在费城立足时，费城精明的商人在他吃住和印刷都还在一个房间内进行时，就预言他前途远大，因为他很拼，有理想，气度非凡，让人一见就信心满满。他能力出众，凡事要么不做，要做必定做好，从而显示出他可以做更大的事。他刚刚出师，活就比其他印刷工做得好，他印的东西比老板印的还要好得多，因此人们预言有一天老板也会和他做生意。他后来果然做到了。

很多人住在偏僻的乡下，因而接触不到可以衡量和比较其能力的标准。他们过着宁静平淡的生活，周围几乎找不到什么东西能够唤醒其休眠的机能。

来自穷乡僻壤的孩子的野心在初次进城时，往往会觉醒。在他看来，城市就是个大市场，每个人的成就都被展示出来。城市里所弥漫的进步精神对他来说就像电击一般，唤醒了他所有休眠的能量，召唤出他所保留的一切。他看到的一切似乎都是一种召唤，让他不断前进。

这是城市以及游历的一个优点——和他人接触的时刻为我们提供与他人

---

① 19世纪英国著名小说家，其代表作有《雾都孤儿》《艰难时世》《远大前程》《双城记》《大卫·科波菲尔》等。

② 美国著名政治家、科学家，亦是出版商、印刷商、记者、作家、慈善家，也是杰出的外交家及发明家。

比较的机会，把我们的能力和他人的能力进行比较。他人作为榜样不断刺激我们。与他人接触唤醒我们对征服的热爱，唤醒我们与他人一较高低的激情。

在城市或旅行中，我们时刻收到提醒别人已经做了什么。我们看到了巨大的工程、庞大的工厂和高楼、庞大的公司，以及其他一切展现人类成就的巨大广告。这一切令年轻人充满疑问，不断思考自己为什么不找点事做一做。当他想找事做，渴望做某件事并相信自己能做好时，他的能力就被放大了。

人们往往因为太心急而失败。他们等不及为终身事业做好准备，而以为自己一跃就可以获得别人耗费多年才得到的位置。他们心太大，性子太急，凡事缺乏必要的从容。一切都匆匆而就。这样的人得不到系统的发展，往往很片面，缺乏常识和判断力。

伟人达到的高度
并非一蹴而就，
别人夜间睡眠时，
他们却忙碌不休。[①]

我们常常会看见失去控制的野心所带来的不幸后果——被太大的野心所鼓舞的人，被变富、变强的野心弄得麻木的人，竟然屈身去做一些不道德的事。野心常常使人对正义视而不见。

世上最可怜的莫过于看见某个人受无节制的自私野心驱使，也不管前进道路上谁将是牺牲者，不惜一切代价谋求名利。

当我们野心太大时，我们很难看清什么才是正确的，什么才是正义的。因此，被太大的野心所控制的人将半途而废无须怀疑。拿破仑·波拿巴[②]和亚历山大大帝[③]就是很好的例子，他们都深受过度膨胀的野心之害。

① 引自美国诗人亨利·沃兹沃斯·朗费罗的诗歌《圣奥古斯丁的梯子》。
② 法兰西第一共和国第一执政，法兰西第一帝国皇帝。
③ 古希腊马其顿王（腓力二世）之子。

要强之心也可能变成一种非常危险的力量，导致性格的种种牺牲。

人人都应当有意做一件与众不同的事，一件只属于自己的事，一件让他脱离平庸、摆脱那些无雄心和萎靡不振之人的事情。有心尽量往上爬，这绝对是应该做的事，而且这并不妨碍我们对邻居友善和慷慨解囊。

需要唤醒的不是别人，而是你自己。每个人都有权从手头的资源中获得鼓励。

有时候，某个我们信任的人的谈话或鼓励，或者在别人都不相信我们时某个人的信任，又或者当别人都看不到我们身上的优点时某个能看到我们优点之人的信任，会唤醒我们的野心，让我们得以一瞥我们所具有的可能性。我们当时也许也没太在意，但是它可能是我们事业的一个转折点。

很多人在读了某本励志书或文章后，才第一次看到了真正的自己。要不是这本书或这篇文章，他们也许永远也不了解自己真正的力量。凡是能够让我们看清自己的，凡是能够让我们了解自己所具有的可能性的，都是无价的。

交友时，要交激励你、唤醒你的雄心，刺激你想去做大事，鼓励你出人头地的人，一个这样的朋友顶十个狐朋狗友。

要主动接近能够唤醒你雄心、能够控制得住你、能够让你去思考和感受的人，要紧随永远给你鼓励的人。我们大多数人面临的麻烦是，等到我们下定决心，等到我们发现自己，已经太迟了，迟到余生已经没有多大作为。年轻时就了解自己所具有的可能性，从而将人生最大的可能发掘出来，这一点非常非常重要。

大多数人的绝大多数可能性还没来得及开发，人生就结束了。他们的能力是得到了一些提升，但都是此一块彼一块的，而大部分田地并未得到开垦，其中蕴含的巨大财富也就不为人知了。

我们无法利用第一眼发现不了的东西。

我国有千千万万的工人，这些普通工人一生都辛苦劳作。这些人倘若觉醒了，很可能自己做老板，成为当地有权有势的人，但是他们因为不了解自己的能力，而屈居人下。他们从未发现自己，因为只能“做劈柴挑水的人”。这样的人到处可见——这些优秀的男女给我们的印象是他们有巨大的可能性，但是他们对体内休眠的巨大力量一无所知。

成千上万的女孩一生都在做职员或者其他普通的工作，然而她们要是发现了自己，了解自己所具有的可能性，她们很可能会大大不同，更好地发挥自身的力量。

坐下来，好好盘算一下自己的库存。假如你对当下做的工作不满，认为自己应该做一些更伟大的事，那么不管花费多长时间，请弄清楚自己的问题何在。找到让你止步不前的东西。在自己的意识中进行大搜查。对自己一遍又一遍地重复：“为什么别人能做出那么精彩的事，而我却只能干一些平平凡凡的工作？”要不停地反问自己：“假如别人能做，我为什么不行？”

在这些自我搜寻的途中，你会发现一些金块，一些你做梦都没想到会拥有的金块——你从未发现过的巨大的力量和可能性，这些力量和可能性一旦得到开发，将会给你的生活带来革命。

在一个位置上长期不动，如做职员，其致命的危险之一就是习惯成为自然。我们昨天做过的事，今天会更乐意去做，倘若我们今天也做了，那么我们更有可能明天也会做。这样，用不了多久，由于长年累月枯燥地、程式化地使用某些机能，其他废弃不用的机能将会退化，变得越来越弱，直到我们认为自己正在做的就是唯一能够做的。

我们使用的能力变得越来越强壮，我们不用的能力变得越来越羸弱，如此一来，我们很可能自欺欺人，低估我们实际拥有的能力。

把目标定得低是犯罪，因为这样做会拉低其他品质的水平。定得低的目标会破坏执行能力。所有技能和整个人都紧随目标。我们要么往上爬，要么往下走，我们永远不可能永久停在人生之梯的某一档上。

第九章
开卷有益

书籍是一扇扇窗子，心灵从这些窗子向外看世界。

——亨利·沃德·比彻[①]

① 美国牧师、社会改革家、演说家。

“在图书馆打滚”，这是老奥利弗·温德尔·霍尔姆斯[①]描述其童年的部分快乐时用的一句话。聪明的学生从学校生活中获得的最重要的事情之一就是熟悉各个学科的书本。能够从图书馆找到对人生最有帮助的知识，这种能力是无价的。这就像某个人在选择开发智力和社会服务的工具一样。“实际生活中每一个部门的人，”耶鲁大学校长亚瑟·哈德利[②]曾说过，“那些做生意的，搞运输的，或者是从事生产的，都曾告诉我他们真正需要的是具有这种选择能力的人、这种晓得如何有效运用书籍的人。这种知识一开始最好是在家里学习，在那些拥有相当多书籍的家里学习。”

图书不再是一种奢侈品，而是一种必需品。一个没有图书、杂志、报纸的家就像一座没有窗子的房子。儿童与书为伴而学会阅读，他们通过摆弄书籍而无意中吸收了知识。任何家庭如今都承担不起不读书的损失。

据说亨利·克莱的母亲给人家洗衣服，挣钱给克莱买书。

拥有大量字典、百科全书、历史书、参考书等各种有用书籍的儿童会在不知不觉中受到教育，同时却几乎不需要另外的花费。他们会根据自己的兴趣

① 美国医生、诗人、演说家、作家。

② 美国经济学家，1899 年至 1921 年担任耶鲁大学校长。

学会很多东西，而不至于将时间浪费掉。另外，他们要是在学校里学到同样的知识，将会花费十倍于这些书本的费用。此外，好书会让家明亮起来，变得可爱，儿童也乐意待在这样温馨的家里；相反，那些得不到教育的儿童恨不得整天不归家，在外面游荡，到头来落入重重陷阱和危险之中。

让儿童在书的环境中成长是一件非常美妙的事。假如让一个聪明的孩子时常使用书籍，摆弄书籍，熟悉书籍的装帧和名称，他从好书中汲取的知识将会令你惊讶。

很多人从不在书上做记号，也不会把书页折起来，或者在某个段落下面画线。他们的书和刚买来时一样干净，当然他们的脑袋也常常像他们的书一样什么都没记下。别害怕在书上做记号。在书中做笔记，那只会让书籍更有价值。从小就学会使用书籍的人长大后的办事能力和工作效率必然大增。

必要时可以衣衫褴褛，但是千万不要在买书上抠门。你的孩子倘若上不起学，你起码可以给他买几本好书，从而使他从周围环境中脱颖而出，走进体面荣耀的社会。

一个人小时候的家难道不是他主要的受训场所吗？正是在这里，我们养成了影响我们事业的习惯，而且这种习惯会伴随我们终生。正是在这里，坚持不懈的脑力训练决定了我们此后的人生。

在我了解的一些令人扼腕的案例中，一些很有抱负的男孩、女孩渴望提高自己，却因为家中的恶习而不能如愿。在他们的家中，其他人到了晚上只知道谈天说地，从不为修身做出半分努力，也没有更高的理想，除了廉价的惊险故事，从没有阅读更上档次书籍的冲动。在这样的家中，有志向的人遭受嘲笑，直到泄了气，放弃挣扎。

有些人自己不想看书学习，他们也不会让其他人看书学习。儿童天性淘气，喜欢逗弄别人。他们不能理解为什么自己想和某人玩耍时，某人却要独自离开去学习。

修身养性的习惯一旦在家里养成，它将会给全家人带来快乐。小孩子将会像渴望游戏一样，期盼着学习时间的来临。

我认识新英格兰的一家人。这家的孩子和爸爸妈妈一致同意每天晚上抽出一段时间来学习，或者进行其他形式的自我教育。每天晚饭后，他们会娱乐一番。他们有固定的一个小时的玩耍时间，开心开心。然后就是学习时间了，全家会一片寂静，连根针掉下来都能听见。每个人都在自己的位置看书、写字或者做一切其他的脑力活动。谁都不允许说话或打搅别人。倘若有人生了病或者由于其他什么原因不想学习，他最起码要保持安静，不能影响别人。这里的气氛非常和谐，大家目标一致，可谓是理想的学习场所。凡是会影响学习、分散注意力的，凡是会打断思绪的，都尽力避免。这样一个小时封闭的、不间断的学习，其效果要超过两三个小时被打断或注意力不集中的学习。

要是每个家庭都不再浪费宝贵的时间，而是将晚上用来学习，那将是一件多么令人鼓舞的事啊！假如一个自我提升的家庭弥漫着一种爽朗、警觉、聪明、和谐的氛围，那么家庭成员就会在不知不觉中得到提升，受到激励，向往更加美好的事物。

有时候，倘若家里有这么一个孩子，意志坚定，立志不做失败者，不把未来寄托在机会上，那么受这个孩子的影响，家庭的习惯会产生革命性的变化。这个孩子一旦这么做了，他就会和芸芸众生形成鲜明的对比，因为后者正在丢掉自己的机会，既没有毅力，也没有精力，去做任何有价值的事。

总是想方设法提高自己，总是拼命努力，一旦你有了这样的名声，那么凡是认识你的人都会被你吸引，你就会得到很多推荐，获得那些不努力的人永远也得不到的提升。

即使是最忙碌的人，一生也有大量的时间被浪费掉，而这些时间假如被合理安排的话，可以得到很好的利用。

很多家庭主妇从早忙到晚，于是就以为自己真的没有时间读报看书了。

倘若她们能把工作更加系统化一些，她们会惊奇地发现自己原来有那么多时间！有条有理可以节省大量时间，所以我们肯定可以调整生活计划，从而挤出大量的时间来修身，丰富生活。不过很多人却认为自己只有把其他事都做完后，才有机会修身养性。

假如一个商人在其他事都做完之后才有时间料理重要的事务，那么此人能有什么成就？好的商人早晨走进办公室后，立马就开始处理一天中的要事。他很清楚，他要是去处理那些鸡毛蒜皮的事、那些细节琐事，如会见每一个想见他的人，回答别人想问的所有问题，那么等到他有时间处理大事时，也就下班了。

我们大多数人都能挤出时间去做我们喜欢的事。倘若一个人渴求知识，渴望修身，热爱读书，那么他的机会就会很大。

有心，则有财富；有理想，则有时间。

放弃无关紧要的而专注于至关重要的东西，放弃宜人的今天而谋求对今后人生有利的东西，这不仅需要决心，也需要毅力。我们总是面临这样的诱惑：为了当下的快乐而牺牲美好的未来，享受当下无聊的娱乐，或者把时间浪费在闲聊上，而把读书拖延到最后的时刻。

世上最伟大的事都是那些会安排时间、懂得如何将工作系统化的人完成的。在这个世界留下烙印的人都懂得时间的珍贵，把时间看成自己的矿藏。

假如你希望找到一种令人开心的娱乐方式，培养一种新的快乐源泉，体验从未经历过的感觉，那么就每天读一点好书和好的报纸杂志。一开始时不要贪多，不要让自己对读书感到厌倦。每次读得不必多，但是哪怕读得再少，每天都要坚持下来。倘若你很虔诚，那么你很快就会喜欢上读书，养成读书的习惯，这样总有一天，读书会让你无限满意，给你带来非常纯粹的快乐。

在体育馆，我们经常会看到一些松松垮垮、无精打采之人。他们并不进行系统训练来锻炼肌肉，相反，他们漫无目的地胡练一气，先玩一两分钟滑轮拉力器，再举两下哑铃，然后再到双杠上荡两下，就这样东一榔头西一棒子，耗费了时间和精力。这些人压根儿就不应该去体育馆，因为漫无目的和三天打鱼两天晒网的锻炼只会使他们丧失肌肉的力量。不管男女，要想锻炼出力量，必须有意志，并且进行系统的锻炼。锻炼时必须用心，必须花力气，否则肌肉依旧会很松软，身体也得不到锻炼。

锻炼身体和锻炼大脑只是锻炼的内容不同而已。全面、系统对两者来说都至关重要。通过阅读来锻炼和开发大脑的都不是浅尝辄止的读书人，也不是那些毫无目的地拿起一本书随便翻一翻、放下，再换一本书翻一翻的人。

要想从读书中得到最大的收获，必须有目的地去读书。坐下来，随便挑一本书翻一翻，只是为了消磨时间，这会使人丧失斗志。就好像老板要雇个人，却告诉此人早晨愿意什么时候来上班就什么时候来上班，想工作时就工作，想休息时就休息，累了就把手中的活停下来。

但凡能够避免，就千万不要在精神疲倦时去读自己想读的书。如果你倦了还去读书，你会一无所获。一定要趁精神饱满时读书，要在大脑活跃而不是死气沉沉时读书。这一做法对精神不集中不亚于灵丹妙药。我们很多人都深受精神不集中之害，而当下由于阅读材料泛滥，更使得这种病症雪上加霜。

有目的地读书，意识到自己之后的眼界将会大开，意识到我们正在把无知、偏见等一切使头脑糊涂、阻碍前进的东西驱离，还有什么能够比这更令人满意的呢？

起作用的阅读，是全神贯注的阅读。读书时应当将全部身心扑到内容上。

被动阅读的危害甚至比胡乱阅读还要大。就像呆坐在健身馆不能健身一样，被动阅读也不能锻炼大脑。大脑处于不活动状态，处于某种懒洋洋的狂欢状态，注意力毫不集中，四处游荡。这样的阅读耗费大脑的活力，削弱智力，使大脑麻痹，抓不住重要原则和困难问题。

你从书中汲取的不必是作者放进去的，而是你带给它的。假如心灵不引导着头脑，假如对知识的渴求、对更宽更深文化的饥渴并非读书的动力，那么你就不可能从书中获得最大益处。假如你饥渴的心灵像突然吸收雨水的干裂土地一样，吸收作者的思想，那么你潜在的可能性以及种种能力就会像土壤中被延误的胚芽一样，迸发出来。

读书时，要像托马斯·巴宾顿·麦考利[①]那样读，像托马斯·卡莱尔[②]那样读，像林肯那样读——要像从读书中受益的每一个伟人那样读，两耳不闻窗外事，全神贯注地读。

“阅读只为我们提供了知识材料，”约翰·洛克[③]说过，“是阅读时的思考使得我们读过的东西成为自己的。”

读者要想从书中获得最大收益，自己必须思考。仅仅获取一些事实不等于获得了力量。让大脑充斥着无法利用的知识就如同把家里堆满家具和杂物，直到最后我们连脚都插不下。

食物在被充分消化、吸收之前，在成为血液、大脑和其他组织的一部分之前，成不了力气、大脑和肌肉。知识在被大脑消化、吸收之前，在成为大脑的一部分之前，成不了力量。

倘若你希望变得聪明，那么在仔细阅读之后，必须养成一个习惯：时不时地合上书，坐下来思考一下，或者站起来，走一走，然后再思考思考——千万记住要思考，要反思。在头脑中将读过的内容反复掂量。

在你通过思考把读过的内容消化之前，在你把它吸纳进自己的生命之前，它并不是你的。你初读时，它属于作者。只有在它成为你不可分割的一部分的时候，它才是你的。

① 英国历史学家、政治家。

② 苏格兰历史学家、散文家。

③ 英国哲学家、医生。他被视为最有影响力的启蒙思想家之一。

很多人都以为只要自己手不释卷，只要一有闲暇就拿本书在手里，他们就必然知识全面，学富五车。可惜这是个错误的想法。这样要是能成功的话，他们只要一有机会就吃喝，到头来也就能成为一名身材健美的运动员了。思考比阅读更重要。思考对于读过的内容来说就像消化吸收食物一样。

我认识的一切木头脑袋之人，只知道死读书，时刻往自己的脑袋里填知识。他们从不思考。他们只要有几分钟空闲，就会抓起本书来读。换句话说，他们在智力上只知道吃吃吃，从来不晓得消化知识，吸收知识。

我就认识这样的一个年轻人，他已经养成了习惯，随身必带上一本书或杂志。无论是在家、在车上还是在火车站，他总是在读书，因而获取了大量的知识。他对知识有某种激情，但是由于他总是往大脑里填东西，他的大脑似乎因此弱化了。

每一个读者都应当牢记约翰·弥尔顿的谆谆教导：

凡是读书不停的人，
倘若读书时不用心
或者没有同等或更优秀的判断力，
仍然会心存疑虑，焦躁不安，
深陷书本，自身浅薄，
粗俗或沉醉，收集一些
毫无用处的杂物，
就像儿童收集沙滩上的卵石一样。

在诺亚·韦伯斯特[1]还是个孩子的时候，书籍还很稀罕，非常珍贵，他做梦也没想到有一天书会只读一遍，相反，他认为书都应该背下来，反复阅读，直到成为生命的一部分。

① 美国辞典编撰人、拼写改革倡导者、政论家。

伊丽莎白·芭蕾特·布朗宁①说过："我们因为读得太多、想得太少而犯错。我相信我要是少读一半的书，我会更聪明，头脑会得到更好更健康的锻炼，品位也更加高尚。"

生活安静之人没有那么多分心之事，因此能够更深入地思考，更多地进行反思。他们读的书没那么多，但是他们更会读。

无论是读书还是学习任何科目，你都应该像磨刀一样，不是为了从磨刀石中得到什么，而是为了把刀磨得锋利。读书和学习也是为了让大脑锋利。

书籍的最大好处不是从我们记得的内容中获得的，而是从其暗示当中，从其塑造性格的力量当中获得的。

"你要想寻找'青春之泉''生命之露'之类的永葆青春的东西，"格利高里神父说过，"不是从图书馆，而是在你自己身上，从你的自尊以及完成神圣使命的成就感当中去寻找。"

"读一本好书是件了不起的事，过好日子是件更了不起的事——正是在过这种日子当中，产生了防止老化和腐败的力量。"

人与人之间之所以不同，不是因为能力，也不是因为教育和获取的知识。仅仅拥有知识并不总是能拥有力量，没有成为你生命的一部分的知识，遇到紧急情况用不上的知识，几乎毫无用处，在关键时刻救不了你。

一个人所受的教育要想生效，就必须成为自己的一部分。教育必须百分之百地成为力量。一点点的实用教育倘若成为人生的一部分，从不会掉链子，相比无法利用的广博知识，会在世上成就更多的事情。

要说谁最能展示书籍对人以及思考对书籍的作用，这个人非威廉·尤尔特·格莱斯顿②莫属。他总是比他的事业伟大得多。他超越了议会，超越了政治，一直在成长。他对智力扩张有一种激情。他的特殊天赋使得他最好是担任

① 英国女诗人。

② 英国政治家，四次出任英国首相。

神职，或者在牛津大学、剑桥大学做个教授，但是环境把他带进了政治圈，而他也一下子就适应了环境。他是个全面而渊博的人，在图书馆和人生中勤于思考，从而找到了出路。

嗜好读书和接触书本世界的最大好处就是其提供的服务，可以用来分心和安慰。

倘若我们能够离开自己，逃离我们身边一切令人自卑、泄气、沮丧的烦恼事，随心所欲地前往美和快乐的世界，那将是多么了不起的事啊！

一个人倘若因为巨大损失或折磨而泄气或沮丧时，最迅速、最有效的恢复方式就是沉浸在健康的环境中，沉浸在令人鼓舞、奋发向上的氛围中。这种方式在优秀的书籍中总能找到。我认识一些人，他们曾经遭受极大的精神痛苦，巨大的损失和震惊几乎令他们崩溃，但是通过埋首读书，从中汲取的力量令他们的精神焕然一新。

我们到处都可以看见一些有钱的老人，坐在俱乐部里抽烟，望着窗外，或者以旅店为家，到处旅行，总是不满，不知道自己该做什么才好，因为他们没有为这部分生活做好准备。他们把精力、雄心等一切都给了工作。

我认识一位老先生，过去在做生意时极其活跃，能够紧紧把握住事件的脉搏。在他活跃的职业生涯中，他对世事了如指掌。如今他退休了，就像孩子一样快乐、满足，因为他一向喜欢读书，热爱自己的同胞。

倘若人们关注某一个方向的时间太长，就会失去弹性，失去精神活力，失去精神上的清新和自发。

要是用多雷先生的话来说，那就是：“读书不等于思考；读书是除了睡觉外，让大脑休息的最好方式。”

不过我更愿引用无所不通的阿奇博尔德·普里姆罗斯[①] 的话。在卡内基图

① 第五代罗斯伯里伯爵，英国自由党政治家，曾任英国首相。

书馆的揭幕仪式上，他做了讲话，谈起了书籍的价值问题，很有见地：

“不过只有在一种情况下，书籍本身才成为目标，那就是解乏。当目标是解乏，是开心，是迷失在想象的世界而忘掉俗世的一切烦忧时，书籍就不仅是一种手段。书籍本身就是目标。它让人精神振奋，受到鼓舞和激励。无论是体力劳动还是脑力劳动，喜欢读书的人在干完活后，可能精疲力竭，这时候他落入某个伟大作家的怀抱，后者把他从地上拎起来，带到一片新的天地之中，让他忘记了创伤，使他的肢体得到休息。等到他重新回到俗世时，精神面貌焕然一新，非常开心。”

“好的书籍，也就是培根[①]所说的那些思想片段，它们越过时间之海，将其珍贵的货物安全地从一代传递给另一代，谁能够高估其价值？”约翰·阿特金森教授问，“在书中，最卓越的人将过往和当今最优秀的智慧交给我们；在书中，那些远比我们聪明的人随时都准备好将他们终生耐心思考的结果交给我们，将通往宇宙之美的想象交给我们。”

热爱好书之人永远也不会孤独。无论身处何地，他下班后，都能找到愉悦有益的事情去做，都能找到社会中最优秀的人交往。

对印刷艺术，对那些把自己最优秀的思想置于我们可以随心所欲欣赏的地方的著名作家，我们怎么感谢也不过分。阅读他们的书籍与和他们面对面交流相比，前者有些优势。他们身上最优秀的部分都活在其书中，而他们令人讨厌的怪癖等都被删除了。我们发现这些作家最好的一面都呈现在其书中。他们在书中所表达的思想都是经过筛选的。书籍这样的朋友时时刻刻都在听候召唤，从不会麻烦我们，招惹我们。不管我们有多么紧张、疲惫或沮丧，它们总会给我们以安慰和鼓励。

当我们深夜无眠之时，可以把最伟大的作家叫来，他会一如既往地乐意

① 英国哲学家、散文家，实验科学的创始人。

陪伴我们。伟大的文学世界的任何角落都对我们开放，我们不需要预约，不需要请人牵线搭桥，不需要打扮得衣冠楚楚，也不需要留心任何礼仪，我们就能够拜访古往今来最著名的人物。我们不需要预约，就可以径直去造访弥尔顿、莎士比亚、爱默生、朗费罗、约翰·格林利夫·惠蒂尔①，并且会受到最热烈的欢迎。

“你不需要引荐，也不用担心遭到反感，走进一个大图书馆，也就相当于走几里社会，最广义的社会，”阿奇博尔德·盖基②说，“在人群当中，你想选谁做伴就选谁做伴，因为在那些不朽人物举行的无声晚会上，没有任何傲慢，最上层的人极其谦卑地给最底层的人提供服务。你可以和其中任何人交谈而不用感到自卑，因为书籍都有良好的教养，不会因为歧视而伤害任何人的感情。”

“让年轻人变聪明、有学识的不是他读了多少书，”威廉·马修斯教授说，“而是他掌握了多少书籍，使这些精心选择的书中的每一个有价值的思想都成为一个熟悉的朋友。”

书籍必须反复阅读，而且越读越开心，这样才能走进我们的心里，才能像麦考利所说的那样，成为永远不会变脸的老朋友，无论我们是富贵还是贫贱，是伟大还是平凡，书籍对我们都始终如一。无论是谁，只读一两遍，都不可能走进一首漂亮的诗、一部伟大的史书、一本细腻的书或者一卷精美的杂文的内心深处。他必须把珍贵的思想和说明放在记忆的藏宝室里，闲暇时反复把玩。

“书籍是永远的伙伴。朋友来了又走，书籍却不因经历变化而改变，任何时间都让我们迷醉。”

“我第一次读到一本好书时，”哥尔德斯密斯说过，“我感觉就像交了一个新朋友，而当我重读一本书时，那就像是老友再见。”

---

① 美国诗人。

② 苏格兰地质学家、作家。

“哪怕我再穷，”威廉·埃勒里·钱宁[①]说，“哪怕时代的富裕进不了寒舍，假如那些神圣的作家能够光临，下榻我的屋檐之下——假如弥尔顿能够跨过我家的门槛，为我吟唱《乐园》[②]，假如莎士比亚能够为我打开想象的世界，让我领悟人心，那么尽管我进不了当地所谓的高尚社会，我在思想上也并不会感到孤独。”

“书籍，”弥尔顿说过，“就像用药瓶一样，保存着作者智慧的精华。一本好书就是大师的珍贵血液，将其贮藏的目的就是传递生命。”[③]

“书籍是好伙伴”，亨利·沃德·比彻说过，“你想学习时，它就来，但是永远也不会在你后边追。你不专心，它不会生气，你移情别恋，喜欢上了树叶、衣服、矿物甚至其他书籍，它不会嫉妒。它默默地为心灵服务而不求回报，甚至不要求爱的回报。然而这样做，它却似乎更加高尚，它走进记忆，在记忆里盘旋蜕变，直到外面的书籍只剩下躯壳，其心灵和精神已经流向你，像一种精神一样占据你的记忆。”

① 美国牧师。

② 弥尔顿曾创作《失乐园》和《复乐园》。

③ 这两句话虽然都摘引自弥尔顿的《论出版自由》，但是并非连在一起，而是出现在不同的地方。

第十章
有所读有所不读

养成每天读十分钟书的习惯。只要读的是好书，那么每天坚持读十分钟，二十年就足以让没文化的人成为有文化的人。我说的好书是指那些已经证明的宝库，那些以故事、诗歌、历史和传记形式存在的知识宝库。

——查尔斯·威廉·艾略特

读懂几本书，要会选择这几本书——这是通过读书而自学成才的基础。

倘若只读几本书，那么最好选择其他人已经选择过的书籍——一些老书，已经经过一代又一代人检验过的标准作品。倘若只能选几本的话，那就选最有名的书籍。这样的书容易找到，哪怕是很小的公共图书馆也能找到。

读书时有一条重要原则：你不喜欢的书，就不要读。别人喜欢的书，你不见得喜欢。任何书单都只是建议而已，重视它的才会受它约束，惺惺惜惺惺。

你是否曾经想过你在寻找某个东西，东西也在寻找你？是惺惺相惜让你们在一起？

倘若你品位粗俗，性情恶劣，那么你不费劲就能找到粗俗邪恶的书籍。因为相互吸引，这些书籍也在寻找你。

一个人读书的品位和饮食的品位非常相像。就像拒绝不合口味的食物一样，一个人也会避开自己觉得枯燥的书籍，而对别人来说，此书并不枯燥。全国人民可能都在吃白菜和臭鱼，但是我都不喜欢。所以，每一位读者到头来必须做出自己的选择，寻找到也在寻找他的书籍。有心的读者很快就会选择一小架书，这些书也许没有别人的多，却是他自己喜欢的书。无论是他自己的一小架书，还是别人的一大架书，全都是好书，但又都不是最好的书，因为对你或我是最好的书，却不见得对别人也是最好的书。

托马斯·卡莱尔把书籍划分成绵羊和山羊，真是妙极了！

监狱里的大多数罪犯在年轻正当读书时，倘若读的是励志健康的书籍，而不是令人堕落的书籍，他们很可能和如今大不相同。

“《基督徒的努力》——男孩都应当读一读的书。西部亡命兄弟的抢劫杀人的传奇故事，惊险刺激，闻所未闻。仅售五美分。”克拉克博士曾经在一座大城市看到过这样一张醒目的海报。第二天早晨，他就在当地的报纸上读到了几个男孩因为入室盗窃而被捕。这伙“歹徒”一共偷盗了四家店铺，其中一个小头目年仅十岁。庭审证明，这几个男孩个个都曾花费五美分看过那个西部亡命兄弟的犯罪故事。《红眼睛迪克——落基山脉的恐惧之源》之类的故事不知毒害了多少小伙子。除非有心作恶，否则不道德的、充满诱惑的书籍会败坏雄心壮志。之前个性的一切甜蜜、美好和健康的东西都不见了，仅仅读了一本坏书就让一切都不同了。坏书吊起人的胃口，使人渴望得到更多的禁忌快乐，直到整个人充斥着这样的欲望，再也容不下更美好、更纯洁、更健康的东西。这种不好的文学作品常常散发出污浊的诱惑，打开通往禁忌的大门，所以这样的精神毒品对精神健康是致命的。

一个男孩曾经让另一个男孩看了一本书，里面充满了污言秽语和不堪入目的图画。这本书在他手中只不过停留了一会儿。多年以后，他在教会任职，曾对一位朋友说，要是当初能够不让他看到那本书，他宁愿拿出一半的财产来。

没有是非道德的轻浮故事曾经深深地伤害了我们认识的一位聪明的年轻女士。像使我们大脑麻木的毒品一样，她的头脑因为时常受那些故事的毒害，变得毫无是非观念。对坏东西的熟悉会毁坏对好东西的品位。她的雄心壮志和人生理想全变了。她唯一的快乐就来自那些邪恶不健康的文学作品给她带来的兴奋和想象。

对健康的头脑伤害最快的莫过于熟悉轻浮表面的东西。这些东西也许并非真的邪恶，但是阅读脱离现实的书籍，阅读毫无教益、不能教授健康哲学，只是用来煽情、刺激病态好奇之心的书籍，会在很短的时间内摧毁最优秀的大脑。这样的阅读往往会泯灭理想，摧毁阅读好书的品位。

读书时，或许我们正吞下杀人毒药，抑或享受让我们抬头仰望的激励和鼓舞。有些书中的毒药细不可察，因此极其危险，恶魔常常伪装成好人。要小心一些书，尽管这些书也许并没有污言秽语，但是不断向你提出不道德的建议。

一本书中弥漫的精神，作者创作时头脑中的动机，决定了书的影响力。要读一些让你抬头仰望的书籍，读一些鼓励你变得更伟大一些、在世上做出更大成绩的书籍。读一些让你进行更多的反思、让你更相信自己和别人的书籍。要小心那些动摇你对同类的信心的书籍。读一些建设性的书籍，对毁灭性的则能避就避。要小心那些令人不信任男人、不尊重女性的作者，小心那些动摇你对家庭神圣性的信心、那些损害你的责任感的作者。

我们最看重、最喜欢看的书籍都是我们自己的品位和雄心的写照。只要仔细检查分析一个人读的书，哪怕是从未见过面的陌生人，也能为他写出一份不错的传记来。

读书，读书，能读则读。不过不要读坏书、差书。人生苦短，时间太珍贵，除了最好的书，哪有时间读其他的？

凡是让你失去对更美好事物的欲望的书，对你来说，都不是好书。

很多人依然坚持少年人不读小说。他们认为，读一些名字不真实的东西，读一些对想象中的英雄的描绘，读一些对虚构的东西的记述，会扭曲少年人的道德观。对教育这个大问题来说，这样的观点太狭隘。这些人不明白想象力的工作原理，压根儿就意识不到，很多甚至从我们孩提时代开始就生活在我们头脑中虚构的英雄，他们要比实际生活中的某些英雄对我们生活的影响更大。

查尔斯·狄更斯笔下的角色似乎比我们遇到的真人更加真实。这些角色曾经伴随千千万万的人，从童年直到老年，影响着他们的整个人生。倘若这些小说人物被我们从记忆中抹去，不再影响我们的生活，我们很多人会把它视为巨大的灾难。

有时候，读者会深受一本好小说的鼓舞，变得胆大包天，敏锐异常，平时不敢做的事，此刻全都要去尝试一番。

在我看来，这就是小说的伟大价值之一。倘若小说是好小说，发人深省，那么它就是锻炼精神和道德能力的利器。它能增加勇气，提高热情，扫除头脑中的尘埃，切实加强把握新原则、解决新问题的能力。

很多消沉的人因为阅读了好的传奇故事，精神为之一振，再次充满活力，开始了新的生活。我记得有一部小说，叫作《神奇的故事》。这本小说曾经帮助过成千上万消沉的人，在他们准备放弃挣扎时，给予他们新的希望和生活。

阅读好的小说是锻炼想象力的绝佳方法。小说通过暗示来刺激读者的想象，有力地增强读者的想象能力，使读者的想象保持清晰、有力和健康。健康的想象在每一个健康、有价值的生活中，都起着非常重要的作用。它让我们能够驱除最不愉快的过去，能够随心所欲地消除一切有关错误、失败和不幸的难堪记忆。它帮助我们忘记烦恼和忧愁，让我们自由出入我们自己构筑的新世界，一个想要多美就有多美、想要多辉煌就有多辉煌的清新世界。想象是一种神物，可以替代财富和奢华，也可以替代物质的东西。不管我们多么穷，多么不幸——我们甚至卧床不起，但是得想象力之助，我们就可以环游世界，参观世界上最伟大的城市，为自己创造最美丽的事物。

约翰·赫歇尔[①]爵士曾讲过一桩趣事，说的是读书之乐，尽管书并不一定是一流的书。在某个村庄，一个铁匠搞到了塞缪尔·理查逊[②]的小说《帕米拉》，在长长的夏夜，常常坐在铁砧上，将小说大声地读给周围一大群专心致

① 英国数学家、天文学家、化学家、实验摄影家。

② 英国作家、印刷商。《帕米拉》是其三部书信体小说之一。

志的听众听。这本书可不短，但是这些人把它听完了。“等到最后，时来运转，男女主人公终于走到了一起，从此过上了快乐的生活。听到这里，听众欣喜若狂，奔走呼号，甚至夺得教堂的钥匙，敲响了教堂的钟。”

“事情发生在老家的那个冬夜，”某杂志的编辑讲道，“窗帘已经放下，炉火欢快地燃烧着，散发出温暖，罩灯发散出柔和的光线。十四岁的男孩正在读一本借来的海上冒险故事。他一连读了好几个小时，对周围的事充耳不闻，直到其不寻常的安静引起了父母的关注。他们看见男孩激动得浑身战栗。父亲把手放在书上，果断地合上书，下令说：‘五年内不准再读小说。’男孩应声离开，上了床，既高兴，又伤心，不清楚自己究竟是自由了，还是多了套枷锁。

“实际上，他既得到了自由，也多了枷锁。在他成长期间，父亲的命令既剥夺了可能点燃和丰富其想象力、提高其表达能力的书籍，同时也挽救了他，避免他滑入深渊。这道命令让历史上的真实英雄，而不是神话中的半神，成为男孩的伙伴，等到他成年后，再接触那些想象的文学，因为这些文学作品既可以领着年轻人上天堂，也可以把年轻人拖进地狱。

“从没有像现在这样对小说的需求这么旺盛，小说起作用的机会也从没有这么大过。对生活最具有吸引力的莫过于生活。心灵渴望的不是‘真实的生活’，而是‘理想的生活’。我们想读的是强大而非软弱的生活，是超凡而非平凡的生活。除非是那些反对目的的人，谁都不会反对‘目的小说’。通过大师的手笔，小说处理得既有澎湃的激情，也有脉脉温情，还有最神圣的希望，从而将那些恢宏振奋的精神力量刻画得淋漓尽致。在历史上，我们发现小说能够用二三十年的时间，完成说教作品百年都完不成的任务。当我们认识到这一点后，就可以安全地说，凡是哲学理论，凡是革新者的希望，凡是圣人的祈祷，最终无不表现为故事。小说有翅膀，而逻辑却拄杖而行。一个小时时间，哲学家才刚刚定义完前提，讲故事的人则已经达到目的，身后留下一群乌合之众跟跄而行。”

几年前，《文学新闻》杂志的读者曾根据受欢迎程度，对全世界的小说排了个序。下面是十部最优秀的小说：

《大卫·科波菲尔》……狄更斯

《艾凡赫》……司各特

《亚当·彼得》……乔治·艾略特

《红字》……霍桑

《名利场》……萨克雷

《简·爱》……勃朗特

《汤姆叔叔的小屋》……斯托夫人

《新来者》……萨克雷

《悲惨世界》……雨果

《模范绅士约翰·哈利法克斯》……黛娜·马洛克·克雷克

下面是次优秀的十部小说，也是由同样的读者选出来的。它们和最优秀的十部小说一起，构成了最优秀的二十部小说。

《肯纳尔沃斯堡》……司各特

《亨利·埃斯蒙德》……萨克雷

《罗慕拉》……乔治·艾略特

《庞贝城的末日》……爱德华·鲍沃尔-李敦①

《米德尔马契》……乔治·艾略特

《玉石人像》……霍桑

《班迪尼斯》……萨克雷

《希帕蒂娅》……查尔斯·金斯利

① 英国小说家、诗人、剧作家、政治家。

《带七个尖顶的阁楼》……………………………………………………霍桑

《弗洛斯河上的磨坊》…………………………………………乔治·艾略特

汉密尔顿·赖特·马比曾为《女性家庭杂志》撰写过一份书单，对那些钟爱主题鲜明的小说的人来说，也许是个福音。

“问题”小说

《红汤》……………………………………………………………乔尔蒙德利

《海伦娜·里奇的觉醒》……………………………………玛格丽特·德兰

《菲利普夫妇》…………………………………………………玛格丽特·德兰

《爱国者》…………………………………………………………福卡扎罗

《圣人》……………………………………………………………福卡扎罗

《罪人》……………………………………………………………福卡扎罗

《潜流》……………………………………………………………格兰特

《死面饼》…………………………………………………………格兰特

《德伯家的苔丝》…………………………………………………哈代

《众生》……………………………………………………罗伯特·赫里克

《她的儿子》………………………………………………………维切尔

《欢乐之家》………………………………………………………沃顿

《树果》……………………………………………………………沃顿

社会话题小说

《设身处地》………………………………………………查尔斯·里德

《费利克斯·霍尔特》……………………………………乔治·艾略特

《陷阱》……………………………………………………弗兰克·诺里斯

《父与子》…………………………………………………………屠格涅夫

《真理》……………………………………………………爱弥尔·左拉

《百年一觉》………………………………………………爱德华·贝拉米

《乞儿》……………………………………………………………道格尔
《悲惨世界》…………………………………………………………雨果
《汤姆叔叔的小屋》……………………………………………斯托夫人
情节小说
《月亮宝石》……………………………………………威尔基・柯林斯
《金银岛》……………………………………………………史蒂文森
《简・爱》……………………………………………………勃朗特
《中洛锡安之心》……………………………………………司各特
《巴黎圣母院》………………………………………………………雨果
《弗洛斯河上的磨坊》…………………………………乔治・艾略特
《绿荫下》…………………………………………………………哈代
《我们共同的朋友》……………………………………………狄更斯
《三个火枪手》………………………………………………大仲马
《基督山伯爵》………………………………………………大仲马
性格小说
《傲慢与偏见》………………………………………………奥斯汀
《多愁善感的汤米》……………………………………詹姆斯・巴里
《米德尔马契》…………………………………………乔治・艾略特
《约瑟夫・万斯》……………………………………………德・摩根
《卡斯特桥市长》……………………………………………………哈代
《红字》……………………………………………………………霍桑
《塞拉斯・拉帕姆的发迹》………………………………豪威尔斯
《贵妇画像》……………………………………………亨利・詹姆斯
《利己主义者》…………………………………………梅瑞迪斯
《圣殿》…………………………………………………………沃顿

《神圣之火》……………………………………………………厄普顿·辛克莱

《名利场》……………………………………………………………萨克雷

《化身博士》……………………………………………………史蒂文森

现实小说

《黛西·米勒》………………………………………………亨利·詹姆斯

《波士顿人》…………………………………………………亨利·詹姆斯

《亚当·彼得》………………………………………………乔治·艾略特

《弗洛斯河上的磨坊》……………………………………乔治·艾略特

《雾都孤儿》…………………………………………………………狄更斯

《一双蓝眼睛》…………………………………………………………哈代

《新财富的危害》……………………………………………………豪威尔斯

《欢乐之家》……………………………………………………………沃顿

《众生》………………………………………………………罗伯特·赫里克

浪漫小说

《大卫·巴尔福》……………………………………………………史蒂文森

《圣艾维斯》…………………………………………………………史蒂文森

《奥托王子》…………………………………………………………史蒂文森

《抓住了不放手》……………………………………………玛利·约翰逊

《查尔斯·奥马雷》……………………………………………………雷富

《盖伊·曼纳令》……………………………………………………司各特

《惊婚记》……………………………………………………………司各特

《玉石人像》……………………………………………………………霍桑

《艾萨克斯先生》……………………………………………………克劳福德

幽默小说

《威克菲尔德的牧师》……………………………………哥尔德斯密斯

《绿荫下》……………………………………………………………哈代

《深港村》……………………………………………萨拉·奥恩·朱厄特

《鲁德·格兰奇》……………………………………………斯托克顿

《老镇上的人们》……………………………………………斯托夫人

《堂吉诃德》…………………………………………………塞万提斯

在学者约翰·卢伯克的“一百本好书”书单中，包含了下列现代小说：

《爱玛》《傲慢与偏见》………………………………………………奥斯汀

《名利场》《班迪尼斯》………………………………………………萨克雷

《匹克威克外传》《大卫·科波菲尔》…………………………………狄更斯

《亚当·彼得》…………………………………………………乔治·艾略特

《庞贝城的末日》………………………………爱德华·鲍沃尔－李敦

下面是汉密尔顿·赖特·马比为年轻人开列的分级书单，尤其受到教师和家长的欣赏。

五岁以下儿童读物

女孩读物

《鹅妈妈的故事》

《灰姑娘》《三只小熊》《小红帽》等经典童话

《寓言和民间故事》……………………………………………H.E. 斯卡德

《故事园》……………………………………………伊丽莎白·哈里森

《儿童世界》……………………………………………艾米莉·保尔森

《童谣》

《故事时间》……………………………凯特·D. 魏金、诺拉·A. 史密斯

《好仙女和兔宝宝》………………………………………………阿伦·A. 格林

《猫咪来信》…………………………………………海伦·亨特·杰克逊

《圣经故事》

男孩读物

《鹅妈妈的故事》

《寓言和民间故事》……………………………………………H.E. 斯卡德

《格林童话》《安徒生童话》

《大自然母亲给自己的孩子讲的故事》………………………简·安德鲁斯

《伊索寓言》

《一个孩子的诗歌花园》………………………………………史蒂文森

《圣经故事》

五岁到十岁儿童读物

女孩读物

《爱丽丝漫游奇境》《爱丽丝镜中奇遇记》…………………刘易斯·卡罗尔

《摇篮曲园》……………………………………………………尤金·菲尔德

《七个小姐妹》…………………………………………………简·安德鲁斯

《一双诱人的鞋》……………………………… 查尔斯·威尔士（辑录）

《玛菲特小姐的圣诞晚会》………………………… 塞缪尔·M. 克罗瑟斯

《如何成为乏味之人》《如何避免成为乏味之人》…………吉列特·伯杰斯

《海华沙之歌》…………………………………………………………朗费罗

《五分钟的故事》……………………………………………劳拉·E. 理查兹

《瘸腿小王子》《女童子军历险记》…………………黛娜·马洛克·克雷克

《彼得金一家》……………………………………………………………黑尔

《亚瑟王传奇》………………………………………………弗朗西斯·N. 格林

《玫瑰与指环》…………………………………………………………萨克雷

《大师讲故事》…………………………………………………莫德·梅纳非

《乘上北风》……………………………………………………乔治·麦克唐纳

《儿童歌谣》……………………………………………爱丽丝和菲比·卡里

男孩读物

《金河王》……………………………………………………………罗斯金

《水孩子》……………………………………………………………金斯利

《原来如此的故事》………………………………………………吉卜林

《雷木斯大叔讲故事》……………………………乔尔·钱德勒·哈里斯

《自然一瞥之儿童读本》…………………………………………K.A. 格里尔

《马槽和蚊蝇：两只狸的故事》………………… 查尔斯·威尔士（辑录）

《男孩的亚瑟王》…………………………………………… 西德尼·兰尼尔

《马之奇书》《罗兰的故事》《西格弗雷德的故事》《黄金时代的故事》

……………………………………………………………………詹姆斯·鲍德温

《伦敦游记》………………………………………………………E.V. 卢卡斯

《托比·泰勒》…………………………………………………詹姆斯·奥提斯

《神与英雄》……………………………………………………R.E. 弗朗西隆

《蜜蜂奇遇记》…………………………………………………莫里斯·诺埃尔

《丛林书一辑》《丛林书二辑》……………………………………吉卜林

《拉布与朋友》…………………………………………………约翰·布朗博士

《黑美人》………………………………………………………安娜·西维尔

《古今靠路吃路十男孩》………………………………………简·安德鲁斯

《伟大美国人的故事》…………………………………爱德华·伊格尔斯顿

《奇迹之书》《坦格尔伍德故事集》……………………………………霍桑

十岁到十五岁少年读物

女孩读物

《小妇人》《小男子汉》《保守女孩》《丁香花下》《乔的男孩子们》

…………………………………………………………路易莎·M. 阿尔科特

《两个小可怜》《我们》………………………………………莫尔斯沃思夫人

《莎士比亚故事集》……………………………………………………兰姆
《弗兰科尼亚故事集》………………………………………雅各·阿伯特
《莎拉·克鲁》《小圣伊丽莎白》…………………………伯内特夫人
《天路历程》……………………………………………………约翰·班扬
《织工马南》《弗洛斯河上的磨坊》………………………乔治·艾略特
《女水仙》…………………………………………………………………福克
《劳娜·邓恩》………………………………………………布莱克摩尔
《希尔德加德系列（5）》……………………………劳拉·E. 理查兹
《太阳溪农场的丽贝卡》…………………………………凯特·D. 魏金
《多萝茜历险记》……………………………………………乔瑟琳·路易斯
《小小褪色柳》…………………………………………哈里特·比彻·斯托
《六到十六岁》…………………………………朱莉安娜·哈瑞斯·厄温
《一个伦敦美妞的回忆》……………………………………菲尔斯达夫人
《托内特的菲利普》…………………………………………C.V. 贾米森
《阿比·康斯坦丁》…………………………………………路德维奇·哈利维
《雏菊链》《家庭支柱》……………………………………夏洛特·M. 杨格
男孩读物
《天方夜谭》
J. 菲利莫·库珀的小说
《好哥们》…………………………………………………弗兰克·斯托克顿
《伦伯格火炉》…………………………………………………………奥维达
《山地男学生》…………………………………………爱德华·伊格尔斯顿
《午夜太阳之地》……………………………………………………杜·柴路
《汤姆·布朗的学校生活》……………………………………………休斯
《船上两年》…………………………………………………………R.H. 戴纳

《两个野孩子》……………………………………………………E. 汤姆森·塞顿

《林肯传》（儿童版）…………………………………………………海伦·尼可拉

《山丘》……………………………………………………………………H.A. 瓦奇尔

《冒险故事》《男孩的英雄》……………………………………………E.E. 海尔

《松鼠等毛皮动物》《鸟类和蜜蜂》………………………………………伯勒

《金银岛》……………………………………………………………………史蒂文森

《坏孩子的故事》……………………………………………………奥尔德里奇

《李迪大师》…………………………………………………………F. 马里亚特

《瑞士家庭孤岛生存记》………………………………………………J.R. 维斯

《瑞普·凡·温克尔》《睡谷传奇》……………………………………华盛顿·欧文

《一个人环游世界》……………………………………………………J. 斯洛克姆

《外国男孩》…………………………………………………………贝阿德·泰勒

《阿兹台克藏宝屋》……………………………………………托马斯·A. 詹韦尔

《飞过观剧镜的鸟》……………………………………………F.A. 梅里安·巴雷

《三个希腊孩子》《年轻马其顿人讲述的伊利亚特的故事》……………丘奇

《见习生活》……………………………………………………………查尔斯·金

《西点生活》………………………………………………………………H.I. 汉考克

《落基山历险记》…………………………………………厄内斯特·英格索尔

《汉斯·布林柯》…………………………………………玛丽·麦朴思·道奇

《中卫》《等待出击》……………………………………拉尔夫·亨利·巴布尔

《加菲尔德传》…………………………………………………W.O. 斯托达德

《1898年的美国水兵》《1861年的战场》……………………………W.J. 阿伯特

《普鲁塔克作品集》（少儿版）……………………………………约翰·S. 怀特

《心，男生杂志》（伊莎贝尔·哈普古德翻译）

……………………………………………………………埃德蒙多·德·亚米契斯

《古罗马民谣》……………………………………………………………麦考利

《哈罗德》…………………………………………… 爱德华·鲍沃尔－李敦

十五岁至二十岁青少年读物

女孩读物

《模范绅士约翰·哈利法克斯》……………………黛娜·马洛克·克雷克

《新英格兰修女》等故事………………………………玛丽·E. 威尔金斯

T.B. 奥尔德里奇的短篇小说

简·奥斯汀的小说

查尔斯·里德的小说

《伊利亚随笔》………………………………………………………………兰姆

《芝麻与百合》《野橄榄花冠》…………………………………………罗斯金

《小河》《激情澎湃》……………………………………………亨利·范·戴克

《乌尔达》《一个人》……………………………………………………埃伯斯

《金玫瑰》………………………………………………………………E. 玛列特

《抓住了不放手》…………………………………………………玛丽·约翰逊

《塞拉斯·拉帕姆的发迹》《小阳春》……………………………………豪威尔斯

《英美诗歌精选》（青少年读本）……………亨利·范·戴克、哈丁·克雷格

《美国选集》《维多利亚选集》…………………………………………斯特曼

男孩读物

《本·赫》………………………………………………………………卢·华莱士

《罗布·罗伊》《艾凡赫》《中洛锡安之心》《修道院院长》《肯纳尔沃斯堡》《海盗》《普鲁塔克作品集》（少儿版）………………………沃尔特·司各特

《见闻札记》………………………………………………………华盛顿·欧文

《早餐桌上的独裁者》……………………………………………………霍尔姆斯

《代表人物》……………………………………………………………爱默生

J. 菲利莫·库珀的小说

《金》《勇敢的船长》……………………………………………………吉卜林

《杰克·哈佐德》 ……………………………………………J.T. 特洛布里奇

《绑架》《大卫·巴尔福》《巴兰特雷的少爷》 ……………………史蒂文森

《亨利·埃斯蒙》《弗吉尼亚人》《新来者》《班迪尼斯》……………萨克雷

《大卫·科波菲尔》《尼古拉斯·尼克贝》《马丁·瞿述伟》《双城记》

……………………………………………………………………………狄更斯

弗朗西斯·帕克曼的历史书籍

伟大作家系列中的传记

美国政治家系列中的传记

美国文人系列中的传记

《三卫兵》[①]《黑郁金香》……………………………………………大仲马

《野性的呼唤》 ……………………………………………………杰克·伦敦

《寺院与家庭》《设身处地》………………………………………查尔斯·里德

《断耳之人》《山之王者》…………………………………埃德蒙德·阿鲍特

《弗吉尼亚人》 ……………………………………………………欧文·韦斯特

《英国短篇小说》 ………………………………………………………J.R. 格林

约翰·费斯克的历史书籍

《荷兰的兴起》 ……………………………………………………… J.L. 莫特雷

《美好的小荷兰》 ………………………………………………W.E. 格里芬

《费迪南和伊莎贝拉统治史》 …………………………………普雷斯科特

《查理五世的历史》 ……………………………………………威廉·罗伯逊

《美国革命史》 ………………………………………………G.O. 特里维廉

① *The Three Guardsmen*，亦即《三个火枪手》。

《勇士查理》…………………………………………………………J.F. 柯克
《佛罗伦萨的建造者》《威尼斯的建造者》《皇家爱丁堡》…奥利芬特夫人
《万岁！罗马不朽的英灵》………………………………F. 马里恩·克劳福德
《德国的故事》……………………………………………………S.B. 古尔德
《挪威的故事》…………………………………………………H.H. 波亚然
《墨西哥征服史》…………………………………………………普雷斯科特
《中西部英雄》……………………………………………………凯赛伍德夫人
《征服》………………………………………………………………………戴
《一个国家的开始》……………………………………爱德华·伊格尔斯顿
《1776 年的美国人》……………………………………………………疏勒
《赢得西部》………………………………………………西奥多·罗斯福
《恺撒传》………………………………………………………………弗劳德
《约翰逊传》………………………………………………………………博斯韦尔
《查尔斯·詹姆斯·福克斯的早年生活》《麦考利传》………………特里维廉
《司各特传》………………………………………………………………洛克哈特
《纳尔逊传》…………………………………………………………………骚赛
《四乔治》……………………………………………………………………萨克雷
《林肯传》………………………………………………………………尼克雷·海
《罗伯特·E. 李传》………………… 约翰·伊斯顿·库克或 W.P. 特伦特
《乔治·华盛顿》…………………………………………………华莱士·E. 斯卡德
《拉尔夫·沃尔多·爱默生》…………………………………………霍尔姆斯
《奥立弗·克伦威尔》………………………………………………约翰·莫雷

第十一章
读书以养雄心

除了研读伟人的生平，阅读那些伟大的男女的传记，我不知道还有什么能够拔高一个人的理想，提升其生活标准。

到了户外，我们免不了要与傻瓜为伍。回到书斋，我却能够将最有才干的人、最博学的哲学家、最睿智的顾问、最伟大的将军，召集到我身边，让他们为我服务。

——威廉·沃勒爵士

读书的目的就在于自我发现。鼓舞人心、能够培养性格、影响生活方式的书籍有助于实现这一目标。

有一些书籍曾经提升国民的理想，使得整个国家都受到影响。那些激励人的雄心壮志，唤醒人的沉睡潜能的书籍，谁能估量其价值?

我们听说过，本杰明·富兰克林的一生都受到科顿·马瑟[①]的《论行善》的影响。

我们渴望和那些能够鼓励我们向上的人交往吗？请让我们阅读那些令人奋发向上的书籍吧，它们能够激励我们发掘自己最大的潜力。

我们都晓得，有时候在读了一本深深打动我们的书之后，整个人会彻底改变。

成千上万的人都曾发现在读了某本书之后，通向内心的门被打开，自己第一次看到了自己的潜力。我认识一些男人和女人，他们都因为读了一些好书，结果整个人生都被影响，事业方向彻底改变，被提升到做梦也没想到的高度。

康奈尔大学的怀特校长说过:“我国最需要教的就是真理、简单的伦理和

① 美国牧师、多产作家。

如何分清是非。重点应放在传记的精华部分，放在高尚的行为和牺牲上……当轻浮的少男少女因为读不到好书，不能够获取到力量时，国家将会蒙受损失。”

倘若青年人学会汲取古往今来之伟人的思想，他们对平凡或低俗的东西就不会满意。他们从此就不再甘于平庸，而是向往更高尚的目标。

一日不吸收好思想，就相当于浪费了一日。每一天都是人生这本书中的一页。

C.C. 埃弗里特教授的《青年伦理》、露西·艾略特·基勒的《假如下辈子还是女孩》这样的书籍，罗伯特·L. 史蒂文森的《绅士》(选自其《人与书研究》)、斯迈尔斯的《自己拯救自己》、约翰·罗斯金的《芝麻与百合》这类的杂文，还有鄙人的励志书籍《奋力向前》，都是对青年人有所帮助的好书。用汉密尔顿·赖特·马比在《女性家庭杂志》上说过的话，《奋力向前》这部作品让青年男女变得值得信赖，使青年人在择业时深受马歇尔·菲尔德[1]和沃纳梅克[2]等公司的青睐。那些后来读更多的书、那些对下列诗句熟悉的人，都是有福之人：

奥林匹亚的诗人
在下方吟诵神圣的诗篇。
这些诗篇不仅刻画青春，
也使我们永葆青春。

不知道康科德的哲学家爱默生的读者，不知道古代大作家马可·奥勒留[3]、爱比克泰德[4]和柏拉图的读者，都可以去品尝这些哲人带来的快乐。

除小说外，游记是最好的大脑休息方式。此外，研究自然和科学方面的

① 位于芝加哥的百货公司，2005 年被梅西百货并购。

② 美国费城的第一家百货公司，也是美国最早的百货公司之一，1995 年被梅西百货并购。

③ 全名为马可·奥勒留·安东尼·奥古斯都，代表作品有《沉思录》。

④ 古希腊圣贤、斯多葛派哲学家。

书籍以及诗歌也都能够提供健康的娱乐休闲，都能够振奋人心，有些甚至开启一些最高级的研究领域，如自然科学类的书籍。

研读诗歌很像一个人对美景产生的兴趣。最上乘的诗歌大多是对自然的诗性诠释。惠蒂尔、朗费罗和布赖恩特引领读者从新的视角观察自然，就像罗斯金打开了亨利·沃德·比彻的眼界一样。

最上乘的散文中，有相当部分在风格和情感上与诗歌没有什么不同，所缺的不过是格律而已。熟悉阿尔弗雷德·丁尼生[①]、莎士比亚等英国优秀诗人，其本身就是一种开明的教育过程。威廉·詹姆斯·罗尔夫[②]编辑出版了便携的《莎士比亚全集》，非常方便读者阅读。帕尔格雷夫[③]在丁尼生的建议和合作下，编纂了《英诗金库》，收集了英语语言中最优秀的歌曲和抒情诗。爱默生的《诗文集》是优秀的诗集，收录了当时最优秀的诗歌。

不上大学而在家自修从没像现在这样廉价、方便而且备受渴求。各种知识被用最有趣、最吸引人的方式呈现在我们眼前。世界上最优秀的文学作品如今已经走入千万家庭，而在五十年前，它们还是有钱人才能买得起的奢侈品。

在如此条件之下，在如此多的自我进修的机会中，倘若仍然成长为无知无识之人，那将是多么可耻的事啊！的确，如今大多数上乘文学都以短篇出现在杂志中。很多最伟大的作家花费大量的时间用于旅行和调查，用于收集素材，而杂志出版商则要为读者只要花费十美分到十五美分的东西而支付几千美元。这样，读者只要花个零头，就能从杂志或书本中获得大作家经年累月辛苦劳作和调研的结果。

纽约的一个百万富翁，一个商人中的佼佼者，曾带我参观了他那位于第五大道的豪宅，每一个房间都是建筑师和装饰师的得意之作。我被告知：单是

① 英国桂冠诗人。

② 美国莎士比亚专家、教育家，曾出版过四十卷的《莎士比亚全集》。

③ 英国批评家、诗人。

一间卧室，就耗费了一万美元。墙上挂着价值连城的油画，房间里摆放或悬挂着价格不菲的巨大家具或垂幔，地上铺着让人不忍心踩踏的地毯。他为了肉体享乐、舒适、奢华和炫耀大把大把地花钱，但是家里几乎找不到一本书。想一想孩子在这样的家里，肉体上是得到了满足，精神上却忍饥挨饿，那是多么可惜啊！他对我说刚到这座城市时，自己几乎身无分文，所有财产都用一小块红包袱皮包裹着。“我如今家财万贯，”他对我说，“但是我要告诉你，我宁愿花费我如今一半的家产来换取一份体面的教育。”

很多有钱人都曾向密友和自己的内心告白，说他们宁愿放弃大部分财产——必要时甚至是全部财产——来看到儿子成为一个男子汉，而不是一个纨绔，一个堕落甚至犯罪的纨绔。他们认识到，尽管自己财大气粗，但是没能为家里买一些好书，一些本可以让自己和儿子避免损失和折磨的好书。

有一种财富，过去连国王都不见得拥有，如今却连机械工人都伸手可及，这就是饱读诗书的有文化的头脑。在这个报纸时代，这个廉价书刊的时代，无知和粗鄙不再有任何借口。如今不管是谁，只要身体健康，肯动脑筋，都可以拥有丰富其一生的财富，拥有能让他和最有教养的人交谈、交往的财富。如今谁都没穷到买不起可以开拓其大脑，使之成为有知识、有修养的人，让他脱离蒙昧、走进神圣的知识领域的东西。

“如今什么娱乐也没有阅读便宜，”玛丽·沃特列·蒙塔古①说过，“也没有什么娱乐像阅读一样持久。”好书改善性格，让我们品位纯洁，远离低级趣味，让我们登上更高的思想和生活层面。

“英国人在书本上花费的大部分钱，”约翰·卢伯克爵士说，“他们都省下来花在监狱和警察身上了。”

最贫困的男孩几乎不用花什么钱，就能够和有史以来的大哲学家、大科学家、大政治家、大武士自由交谈，最简陋的小屋里的房客也能够熟知各国的

① 英国贵族、作家。

故事，通晓历史片段、自由故事和浪漫传奇，了解人类进步的过程。

卡莱尔说过，一堆书籍就是一所大学。可惜的是成千上万雄心勃勃、精力充沛的男男女女，在他们该上学时错过了受教育的机会，导致余生不顺，但是仍认识不到阅读的重要性，认识不到阅读可能带来的巨大改变，认识不到阅读可以替代大学教育。

你是否刚刚去找一位受过良好教育、目光锐利的雇主，想找一份工作？你完全不需要告诉他你读过哪些书，因为那些书在你的脸上和言语中，已经留下了不可磨灭的烙印。你有限的几个词语，你不雅的用词，你的方言土语，都会告诉他你把宝贵的时间都浪费在什么垃圾上了。他晓得你没能合理地安排时间，他也晓得成千上万的青年人尽管生活被刻板的工作挤占得满满的，却想方设法挤出时间来了解世事，进行系统有用的阅读。

“世人能做或创造的，”切尔西圣哲[①]说过，“最重要、最奇妙也最有价值的就是我们称之为书的东西！那些可怜的被刷上黑色油墨的粗纸，从报纸到《圣经》，它们什么没做过？什么没正在做？”

康奈尔大学的舒曼校长骄傲地指着书房里的几本书，说那是他当年还是个穷小子时，很多天不吃晚饭，省钱买下来的。

伟大的德国教授奥肯请阿加西兹教授吃饭，却只请他吃土豆蘸盐，但是他一点都不感到丢脸，因为这样他就可以省下钱来买书。

乔治三世国王过去常常说律师也许并不比外行更懂法律，但是他们晓得到哪里去找。

晓得如何到书的世界去寻找相关的内容，这样的实用知识很值钱。拥有了这样的知识，一个人就可以先熟悉书籍，而后和书籍交上朋友。

“当我一想到有些书籍已经为世界做了什么，正在做什么，如何维持我们

① 指的是卡莱尔。切尔西是伦敦的一个区，卡莱尔一家曾把家搬到了切尔西，所以得名“切尔西圣哲”。

的希望，唤醒我们的勇气和信仰，抚慰伤痛，为那些来自冷冰冰的家庭的人提供人生理想，将不同的年龄和国度联系在一起，创造美的世界，将真理从天国带下人间，"詹姆斯·弗里曼·克拉克[①] 说，"我就为这份礼物永远祝福。"

哈佛大学的艾略特校长曾因选书而引起争议。这些书可能都装不满一个 5 英尺（1 英尺约 0.3 米）长的书架，但是艾略特相信，"任何人每天哪怕只读上十五分钟，只要用心去读，他就会受到非常开明的教育"。这些书（文件）和作者是：

《本杰明·富兰克林自传》

《申辩篇》《斐多篇》《克里多篇》（本杰明·乔维特翻译）……… 柏拉图

《爱比克泰德名言录》

《沉思录》…………………………………………………… 马可·奥勒留

《培根人生论》……………………………………………… 弗朗西斯·培根

《论自由出版》……………………………………………… 约翰·弥尔顿

《论教育》…………………………………………………… 约翰·弥尔顿

《约翰·弥尔顿全集》

《杂文暨英国特征》………………………………… 拉尔夫·沃尔多·爱默生

《罗伯特·彭斯诗选》

《忏悔录》…………………………………………………… 圣·奥古斯丁

《九部古希腊戏剧》之《阿伽门农》《奠酒人》《复仇女神》（E.D.A. 莫斯亥德翻译）…………………………………………………… 埃斯库罗斯

《被缚的普罗米修斯》（E.H. 普拉姆崔翻译）………………… 埃斯库罗斯

《俄狄浦斯王》《安提戈涅》………………………………… 索福克勒斯

《希波吕托斯》《醉酒的女人》（吉尔伯特·穆雷翻译）…… 欧里庇德斯

《蛙》（B.B. 罗杰斯翻译）……………………………………… 阿里斯托芬

① 美国神学家、作家。

《西塞罗的书信》（E.S. 夏克伯格翻译）、《西塞罗关于友谊和老年的论述》（W. 梅尔莫斯翻译）、《小普利尼书信集》（F.C.T. 伯桑奎特修订）

《国富论》（哈佛大学 J.C. 布洛克教授编辑）………………… 亚当·斯密

《物种起源》 …………………………………………………… 查尔斯·达尔文

《希腊罗马名人传》（德莱顿订正、亚瑟·休·克劳修订）…… 普鲁塔克

《埃涅阿斯纪》（约翰·德莱顿翻译）…………………………… 维吉尔

《堂吉诃德》（托马斯·谢尔顿翻译）…………………………… 塞万提斯

《天路历程》 ……………………………………………………… 约翰·班扬

《乔治·赫伯特传》 …………………………………………… 艾萨克·沃尔顿

《天方夜谭》（斯坦利·莱恩－普尔译本）

童话与民间故事

《伊索寓言》（82 篇）

《格林童话》（家庭版 41 篇）

《安徒生童话》（20 篇）

现代英国戏剧

《一切为了爱情》 ……………………………………………… 约翰·德莱顿

《造谣学校》 ……………………………… 理查德·布林斯列·谢里丹

《屈身求爱》 …………………………………………………… 哥尔德斯密斯

《钦契恨歌》 ………………………………………………… 珀西·比希·雪莱

《族徽上的污点》 ……………………………………………… 罗伯特·勃朗宁

《曼弗雷》 ……………………………………………………… 拜伦勋爵

《浮士德》（安娜·斯万维克翻译）…………………………………… 歌德

《赫尔曼与多罗泰》（艾伦·弗罗星汉翻译）……………………… 歌德

《哀格蒙特》（安娜·斯万维克翻译）……………………………… 歌德

《浮士德博士》 ………………………………………… 克里斯托夫·马洛

《神曲》（卡里译文）…………………………………………………… 但丁

《约婚夫妇》 ……………………………………… 亚历桑德罗・马佐尼

《奥德赛》（布彻和朗的译本）……………………………………… 荷马

《船上两年》 ……………………………………………………… R.H. 戴纳

《论品位》《对崇高与美的概念起源的哲学探究》《对法国大革命的反思》

《给贵族的一封信》 ……………………………………… 埃德蒙・伯克

《论自由》《约翰・穆勒自传》……………………… 约翰・斯图亚特・穆勒

《爱丁堡大学名誉校长就职演说》《论特征》《论司各特》 …托马斯・卡莱尔

欧陆戏剧

卡尔德隆　　莱辛　　拉辛　　高乃依　　莫里哀

英国散文

亚伯拉罕・科雷	查尔斯・兰姆
约翰・洛克	托马斯・德・昆西
乔纳森・斯威夫特	约瑟夫・艾迪生
萨缪尔・约翰逊	理查德・斯蒂尔爵士
西德尼・史密斯	丹尼尔・笛福
威廉・黑兹利特	大卫・休谟
柯尔律治	珀西・比希・雪莱
莱・亨特	托马斯・巴宾顿・麦考利

英美散文

纽曼主教	斯威夫特院长
约翰・罗斯金	马修・阿诺德
詹姆斯・A. 弗罗德	沃尔特・白芝浩
爱德华・A. 弗里曼	托马斯・H. 赫胥黎
埃德加・爱伦・坡	罗伯特・路易斯・史蒂文森

詹姆斯·拉塞尔·洛威尔　　亨利·D. 梭罗

威廉·麦克皮斯·萨克雷

科学论文——化学、物理学、天文学

法拉第　　亥姆霍兹

凯尔文勋爵　　纽康姆

散文——法国、德国、意大利

蒙田　　马志尼

勒南　　圣佩韦

席勒　　莱辛

格林　　歌德

康德

古代及伊丽莎白时代游记

希罗多德　　塔西佗

弗朗西斯·德莱克爵士　　沃尔特·罗利爵士

汉弗雷·吉尔伯特爵士　　麦哲伦

科罗纳多　　约翰·史密斯船长

笛卡尔、伏尔泰等

科学论文——生物学、医学等，包括约翰·李斯特爵士和昂布鲁瓦·佩尔的文章。

历史文件，包括不少重要文件，比如：

《卡伯特航海记》

《哥伦布书信》

《五月花号公约》

《康沃利斯将军投降书》

《华盛顿总统第一次就职演说》

《门罗宣言》

《林肯总统第一次就职演说》

《林肯总统第二次就职演说》

《编年史》

《史诗》

前总统西奥多·罗斯福为非洲之行，选择了下列书籍：

《圣经》

《旁经》[1]

莎士比亚作品

《仙后》……………………………………………………………斯宾塞

马娄作品

《海权论》…………………………………………………………马汉

麦考利的历史、杂文和诗歌

《伊利亚特》《奥德赛》……………………………………………荷马

《罗兰之歌》《尼勃龙根之歌》

《腓特烈大帝传》…………………………………………托马斯·卡莱尔

雪莱的诗歌

培根的杂文

《文学杂文》《毕格罗文集》

罗伯特·洛威尔

爱默生的诗歌

朗费罗

丁尼生

爱伦·坡的小说和诗歌

① Apocrypha，以启示文学为主的经卷，如《以诺书》等。

济慈

《失乐园》(第一、二卷)……………………………………… 弥尔顿

《地狱》(卡莱尔译本)…………………………………………… 但丁

《阿尔戈英雄纪》

《咆哮营地的幸运儿》…………………………………… 布莱特·哈特

《勃朗宁诗选》……………………………………………………… 勃朗宁

《敬爱的读者》…………………………………………………… 克罗瑟斯

《哈克贝利·费恩历险记》《汤姆·索亚历险记》…………… 马克·吐温

《天路历程》……………………………………………………… 约翰·班扬

《希波吕托斯》《醉酒的女人》(吉尔伯特·穆雷翻译)…… 欧里庇德斯

《联邦主义者文集》

《蒙特罗斯传奇》《盖伊·曼纳令》《威弗莱》《罗布·罗伊》《古董家》

……………………………………………………………………… 司各特

《海盗》《两位海军上将》…………………………………………… 库珀

富洛伊沙的编年史

《英诗辑古》………………………………………………………… 珀西

《名利场》《班迪尼斯》………………………………………… 萨克雷

《我们共同的朋友》《匹克威克外传》……………………………… 狄更斯

西奥多·罗斯福说过:"这份书单部分反映了柯米特[①]的品位,部分则反映了我的品位。不用说,它代表我们最关心的书,不过它仅仅表示基于某种原因,我们此行最想携带的书。"

我希望,这份尽管不够全面的书单对那些寻求自修的人能够有价值,这些书籍能够鼓励那些绝望的人,刺激人的雄心,成为人生迈向更高理想、更高目标的垫脚石。

---

① 指西奥多·罗斯福之子。

第十二章
修身习惯万贯不易

大脑无知则废，有知则活，不教则死寂。

——N.D. 希尔斯

一旦我们渴望有文化，开始认真审视我们当下对时间的利用，没有时间学文化的借口立马就会消失。

——马修·阿诺德①

① 英国诗人、文化批评家，曾长期担任学监。

投资自我

Self-investment

教学就像通常理解的那样，是通过书本和教师开发大脑的过程。不管是因为缺乏机会，还是机会没有得到很好利用，倘若因此而失学的话，那么余下的希望就寄托在自学上。我们的周围充满了自修的机会，能够帮助我们修身的东西不计其数，在当下，书籍不再昂贵，而且有免费的图书馆，有夜校，再说无法利用丰富的设施来开发大脑，其借口就不存在了。

当我们回顾五十年至一百年前获取知识所面临的困难时，看看那时候书籍是那么稀罕，那么昂贵，烛光昏暗，整天累死累活的不仅没有时间学习，而且身体疲乏得压根儿就不想动脑筋，我们对那样艰苦条件下的学术巨人不禁由衷钦佩。除此之外，有时候还需要和残疾斗争，如眼盲、畸形、体弱，所以，我们一想到自己所面临的学习和修身的机会，帮助和激励竟然有那么多供我们挥霍，而我们却弃之如敝屣，不禁感到羞愧。

自我修身隐含着一种重要的情感：对提高的渴望。假如这种欲望存在，那么只有征服自己才能得到提高，因为我们天生喜欢玩乐。小说、纸牌、台球、无所事事和吹牛，这一切都必须尽力避免，凡有闲暇都必须用来学习。凡是想自我提升的人，“街上有壮狮”[①]。这只“壮狮”就是自我纵容，唯有战胜这一敌人，才能取得进步。

---

① 见《圣经·旧约·箴言》第 26 章第 13 节。

告诉我一个年轻人晚上是如何度过的，他的闲散时间是如何度过的，我就能预测其未来。他究竟是很珍视其闲暇，有很多可能，包含构筑其未来人生的黄金材料？还是把闲暇看作自我放纵的机会，可以轻松愉快地度过的“好时光”？

一个人如何利用闲暇决定了其人生的基调，将会告诉我们他是否已经失去热情，是否把人生当成一个玩笑。

他也许并不清楚其可怕的后果，不清楚浪费时间而造成的性格的逐渐恶化，但是清楚也好，不清楚也好，都不能阻止其性格恶化。

年轻人常常吃惊地发现自己落后于竞争者，不过倘若他们审视一下自身，就不难发现，由于他们不再努力与时俱进，不再博览群书，不再通过自修来丰富生活，他们实际上已经停止成长。

能够正确利用闲暇时刻来读书学习，表示此人具有优秀品质。从历史可以看出，用来学习的“闲暇”一点都不闲。它们实际上都是挤出来的，从睡眠、消遣和一日三餐中挤出来的。

艾利胡·布里特[①]十六岁就给一个铁匠做学徒，不仅白天要干活，晚上甚至常常要点着蜡烛干活，和他相比，如今的男孩谁出人头地的机会不比他多？然而布里特吃饭时都在面前放本书，口袋里也随时放着书，这样休息时可以用得着，晚上和节假日就可以学习，就这样，他利用被大部分男孩荒废掉的点滴时间，完成了很好的教育。当有钱和无聊的男孩打着呵欠，伸着懒腰，竭力睁开眼睛时，小布里特却抓住机会，提高自己。

艾利胡渴求知识，渴望提高，这使他最终能够扫除一切障碍。一位有钱的先生想要出钱供他去哈佛大学读书，但是他说自己自学就行，尽管他每天要打铁十二小时到十四小时。他显然是一个很有毅力的男孩。他像抓住金子一样，抓住铁匠铺里的每一个闲暇。他和格莱斯顿一样，都相信年轻时节省时间

① 美国外交家、慈善家、社会活动家。

到头来会带来高额回报，浪费时间会使自己越来越渺小。想一想有这么一个男孩，白天几乎都要在铁匠铺干活，却能挤出时间，一年内学会七门语言！

使人位居下层的不是缺乏能力，而是不够勤奋。很多时候，雇员往往比雇主更聪明，脑子更好使。但是雇员往往不去提高自己的能力。他的恶习使大脑变得迟钝。他把时间和金钱都花在台球桌上，花在沙龙里，等他老了，等到长期受人使唤让他恼火，他却抱怨说自己运气不好，机会有限。

如今在这片充满机会的土地上，年轻人本该受到良好教育，但是在工厂、商店和办公室，总之一切地方，年轻人却普遍很无知，这真是很可惜的事。我们到处可以看到一些天赋不错的男女在干着一些低级的活，因为他们年轻时对学习不够重视，没能把精力放在学习知识上，导致他们没能成为优秀的人。

数以千计的男人女人因为一些琐事，一些在他们年轻时觉得不值得注意的小事，而在人生路上遭遇坎坷，止步不前。

许多很有天赋的女孩因为从未想到过利用手边的机会去开发自己的大脑，从而使自己能够胜任更高的职位，所以，她们不得不在最富有创造力的年纪，做着廉价的雇员，或者屈就平庸的职位。数以千计的女孩年轻时因为忽视了作业，很轻率地说一声“我认为不值得做”，到头来资源有限，不得不一生屈居人下。她们年轻时认为去学校图书室，学会记好账，或者学会某种可以谋生的技能，很不值得。她们期待着嫁人，从没为独立自主做好准备。很多事例证明，婚姻并不可靠。

大多数年轻人身上存在的问题是，他们不愿意全身心工作。他们希望工作时间短一点，活轻一点，有大把大把的玩耍时间。在他们的人生中，他们想得更多的是休闲娱乐，而不是纪律和训练。

很多雇员都嫉妒老板，希望自己取而代之来做生意，却又觉得摆脱雇员身份要付出的努力太苦，不愿意付出。他希望活得轻松一些，心中怀疑为了爬高一点，为了多挣点钱，那么拼命，那么苦学，到底值不值得。

很多人身上存在的问题是，他们当下不愿意为未来的收获做出牺牲。他们得过且过，先享受再说，不愿意花时间提高自己。他们隐隐约约也有干大事的欲望，但是很少有人欲望足够强大，让他们愿意为未来而牺牲当下。很少有人愿意为了构筑人生，在底下默默工作多年来打下基础。他们渴望做大事，但是又不愿为实现目标而付出代价，做出牺牲。

所以，大多数人一生都在平庸中度过。他们有能力做更了不起的事，但是没有精力和决心为干大事做好准备。他们不想做出必要的努力。他们宁愿活得更轻松些，更卑微些，也不愿为更高尚的生活而拼命。他们在玩人生游戏时，根本不尽力。

一个男人或者女人倘若想要自我提升和进步，那么就一定会出人头地，“即使没有条件，也会创造条件”。下面是日常生活中的一个例子。

一个爱尔兰人十九岁了，还是个文盲。他实在受不了家中放纵的氛围，于是离家出走。他从做广告牌开始，认识了一些字，最后在一艘军舰上，做了勤务员。他非常想学习，所以才选择了这份工作，想在船长的身边服务。他在口袋里放一块板子，只要听到一个新词，就记下来。有一天，一位军官看见他写字，立刻怀疑他是个间谍。等到这位军官和其他军官弄清怎么回事后，他得到了更多的学习机会，渐渐地，他得到了提升，最后在海军获得了一个重要位置。他的成绩为他在其他领域的成功铺平了道路。

自助成就了世界上最伟大的事情。有多少少年因为缺乏启动资本，而踉跄而行，苦苦地等待好运降临！然而成功是勤奋和坚毅之子，无法哄骗或贿赂，只有付出代价之后，它才是你的。

说到错过了的进修机会，令人伤心的一件事就是：和不那么聪明的人相比，那些绝顶聪明的人反而处于劣势。

我认识一位州议员，一个非常棒的人，人气超旺，胸怀开阔，慷慨大度，富有同情之心，但是不能开口，只要一开口，语言之糟糕让人听着就很难受。

在美国首都华盛顿，有许多类似的人，他们因为能力出众或者性格卓越，被选上高位，但是因为无知和早年缺乏训练，而时不时受到伤害，遭遇尴尬。

让人最丢脸的莫过于明知自己能力出众，却因为少年时缺乏与能力相匹敌的训练，结果只能屈居低位。明知道自己有能力发挥出百分之八九十的潜能，但是因为缺乏适当的教育和培训，只能发挥出百分之二十五的潜能，这很打脸。换言之，在人生中，因为缺乏训练而有力使不出，这是一件最让人沮丧和受伤的事。

除了原罪，最令人遗憾的莫过于未为自己所能担当的最伟大的事业做好准备。人生最为追悔莫及的莫过于因为自己没做好准备，只能眼看着机遇从手中溜走。

我听说过一个令人扼腕的案例。一位自然学家年轻时的雄心受到压制，教育被忽视，以至于等到他比同时代的其他人都懂得自然史时，他因为缺乏最基本的教育，却连一个合乎语法的句子也写不出，有想法却无法宣之于口，无法用书籍将想法永久保留下来。他早年的词汇极其贫乏，语言知识极其有限，所以每当想要表达思想时，都要苦苦挣扎。

想一想这位俊杰的痛苦！他空有一肚子的科学知识，却无法正确表达出来。

速记员因为准备不足，知识浅薄，在遇到不熟悉的词语或名言时，常常手足无措。只能听写普通的信件，只能做办公室的常规工作，这是远远不够的。有雄心的速记员必须做好遇到不寻常词语或表达的准备，必须有足够的知识储备以应急。倘若他总是写错句子，又或者一旦接触常规以外的工作，就茫然无措，老板就晓得他的准备不够精深，所受的教育有限，其前途也自然有限。

一位年轻姑娘曾写信告诉我，她早年受到的教育不多，工作大受影响，非常害怕给有学问和有文化的人写信，生怕写错字或者写错句子。她给我的信显示她很有才，但是由于早年缺乏教育，总觉得有些力不从心。相比于年轻时的疏忽而带来的尴尬和残障，我们很难想象还有什么更大的不幸了。

有些人会给我来信，这些信件，尤其是年轻人的信件，显示写信的人很有才，脑子也好使，但是他们的大部分才能因为缺乏教育而被掩藏，得不到开发。看到这样的信，我很心痛。

从来信可以看出，很多写信者就像璞玉，表皮会有一处两处被磨掉，从而让光线照进去，显示出其内在的价值。

我总是为一些人感到难过。这些人错过了上学的机会，在其后的人生中，因为无知，他们聪明的大脑根本就发挥不了作用。事实上，即便是在后半辈子，他们也本可以大部分或全部克服自己的无知。

一个年轻人仅仅因为少了点教育和准备，尽管很有才，尽管本该成为领袖，却不得不屈居人下，全身能耐还使用不到一半。这是多么可惜的事啊！

我们到处都会看到各行各业的职员、工人和雇员因为缺少教育，而不能得到与其能力相称的职位。他们无知，他们写不出一封像样的信来。他们谋杀了英语，他们的超凡能力得不到展示，所以只能老死于平庸。

这些人才的故事不仅展示，而且强化了大自然最严厉的一条法则："凡有的，还要加给他，叫他有余。凡没有的，连他所有的，也要夺去。"① 科学家将这条法则称为"适者生存"。"适者"即那些利用自己所拥有的才能的人，那些通过斗争而获得力量的人，那些通过掌控顺逆之境，自强而生存的人。

土壤、阳光、空气，都是植物生长取之不尽的养料，但是植物必须利用所吸收的一切养分，必须将养分送到花朵、果实、叶子、纤维中，否则养分的供给就会终止。换言之，土壤将不再输送生长所需的养料。这样的养料消耗得越快，植物生长得越快，输送的养料也就越多。

同样的法则也适用于其他地方。倘若我们利用好大自然给予我们的，大

① 见《圣经·新约·马太福音》第 13 章第 12 节。

自然对我们会非常慷慨，但是假如我们不再使用、不再建设了，假如我们不再把大自然赋予我们的转化为力量并且使用这种力量，我们会发现不仅供给被切断，而且我们正变得越来越弱，效率越来越低。

不管往哪个方向，大自然中的一切都在运动，不是向上，就是向下，不是前进，就是倒退，不用就无法把握。

我们的肌肉或大脑倘若不用，就会被收回。任何技巧，我们一旦停止使用，就会被收回。任何力量，我们一旦停止利用，就会被收回。

一个人从大学毕业多年以后，吃惊地发现自己所受的教育，唯一能够展示的就剩下文凭了。他在大学里获得的力量和效率因为得不到使用，已经荡然无存。当一切都记忆犹新时，尤其是在刚考完试之后，他以为那些知识会伴随他一辈子，然而自从他不再使用后，那些知识每一分每一秒都在悄悄溜走，只有那些使用过的留了下来，其余的知识早已经烟消云散。

很多大学生毕业十年后发现，大学所学的知识因为得不到使用，已经所剩无几了。他们在不知不觉中已经成了弱者。他们不停地对自己说："我上过大学，我有能力，必须出人头地。"但是就像一张手纸堵不住管道里的煤气往外冒一样，大学文凭也同样留不住你在大学里学的知识。

凡是你不用的，都时刻从你身边溜走。要么使用，要么失去。力量的秘密就是使用。才干不会永远伴随我们，一旦我们不再使用力量，力量就会消散。

自我提高的工具唾手可得，要使用这些工具。斧子钝了，就必须使用更大的力气；机会有限，就必须更加卖力，更加投入。一开始也许进步缓慢，但是坚持不懈必将带来成功。"概念摞概念，一行摞一行"，这就是大脑建构的原则。"若不灰心，到了时候，就要收成。"[①]

① 见《圣经·新约·加拉太书》第6章第9节。

第十三章
增　值

命运在内不在外，谁的命运由谁定。

“世界在工人手中不再是泥的，而是铁的，”爱默生说过，“人们必须通过不断地敲打，为自己打造出一块容身之地。”

不管是什么材料，是布，是铁，还是性格，只要你能够善加利用，这就是成功。让普通的材料变得价值连城，这是巨大的成功。

有这么一块粗铁，第一个经手的也许是个半吊子的铁匠，没有什么雄心，只要能打铁就行。他想自己能做的也就是将粗铁打造成马掌，打造成功后，不免自鸣得意一番。他想一块粗铁每磅不过价值两三美分，不值得自己费时费力。自己强健的肌肉和马马虎虎的打铁本事却将一美元铁块的价值提高到了十美元。

然后来了一个刀匠，受的教育比铁匠多一点，也多了一点野心和见识。刀匠对铁匠说：“你就是这么看那块铁的吗？给我一块铁，让我来告诉你头脑加上技艺和努力能做些什么。”刀匠的目光更远一些。他学习过如何淬火，也有工具，有砂轮和退火炉。铁被熔化，渗碳成为钢，然后投入水或油中进行淬火，最后再进行仔细耐心的打磨。完工后，刀匠向目瞪口呆的铁匠展示了价值两千美元的钢刀，而同一块粗铁，铁匠只想到将其打造成价值十美元的马掌。而刀匠通过精细加工，使一块粗铁的价值翻了无数倍。

“假如你做不了更好的，钢刀也是不错的，”在刀匠向另一位工匠炫耀自己的刀时，这位工匠说道，“不过你连这块铁的一半价值都没有发掘出来。我发现它还有更好的用途。我对铁做过研究，了解铁里面有什么，能做什么。”

这位工匠拥有更敏锐的触觉、更细腻的感知、更好的训练、更高的理想、更坚定的决心，这一切使得他能够深入粗铁的分子层面。越过马掌，越过钢刀，他把粗铁制成了精美的缝衣针，细小的针眼精确到必须用显微镜才能看清。生产肉眼看不清的部分需要更精细的工艺，需要刀匠所不具备的技艺。

这样的技艺在工匠看来已经够神奇的了。相比于刀匠的产品，他把价值提高了很多倍。他以为自己已经穷尽了铁之所能。

哎呀，瞧，又来了一个工匠。此人头脑更聪明，触感更细腻，更耐心，更勤奋，技术更高明，受过更好的训练。他轻而易举地超越了马掌、钢刀和缝衣针，把粗铁制成钟表用的发条。其他人只看到粗铁可以打造成只值几美元、几千美元的马掌、钢刀和缝衣针，他的锐利目光却看到了粗铁可以制作成价值数十万美元的产品。

又一个水平更高的工匠出现了。此人告诉我们这块粗铁还没有找到最好的表达方式，他有办法在这块铁上施展更大的奇迹。在他看来，甚至发条看上去也有些粗糙笨拙。他知道粗铁可以被操纵加工，拥有不熟悉冶金的人无法想象的弹性。他知道，假如退火时足够用心，钢铁就不再坚硬锋利，不再仅仅是一种被动的金属，而是具有各种新的可能，拥有了灵性。

凭借敏锐的几乎是鉴赏家的目光，这位工匠看到了如何将发条生产的每一个步骤更进一步，如何在生产的每一阶段做得更完美，如何让金属的组织更加细密，从而使一根细铁丝也能创造奇迹。他将粗铁块反复冶炼，反复退火，最后制成几乎细不可察的游丝。在经历无尽的辛劳和痛苦之后，他终于美梦成真；他终于将价值仅仅几美元的铁变成价值百万美元的产品，几乎是同样体积黄金价格的四十倍。

不过又一个工匠出现了。此人的手法极其精细，制作的产品甚至连一般受过教育的人也没听说过。他拿起一小块粗铁，开发其更高的价值，技术是那么精细，就连发条和游丝看上去都显得粗糙廉价。活干完后，他展示了几个拥有细小倒钩的工具，是牙医用来拉出最细的牙神经用的。这样的带倒钩的细钢丝，假如能收集到一磅的话，要比黄金贵几百倍。

其他的专家还可以对粗铁进一步精炼，不过要想穷尽其各种可能，一直细分到小颗粒可以飘浮在空气中，则需要很多天来一一列举。

这一切听起来像是魔术，但是这一魔术，只要通过对眼睛、手和触觉的训练，加上细心和勤劳，再辅以决心，就能够实现。

假如一块只拥有几个粗糙的材料特性的金属通过分子的结合，就能够如此增值，那么谁又能够给人——物理、金属、道德和精神力量的神奇混合物——的发展潜力设定边界呢？ 如果说开发铁的功能时用到了十几种加工手段，那么能够影响头脑和性格的则有上千种。如果说铁只是受外力影响的惰性的物质，那么人则是相互作用和反作用的一组力，所有的力都受到更高级的自我控制，受到真实的占统治地位的个性的操纵。

人在成就上的差距和原始材料关系不大。将我们的人生锤打、塑造成型，使人生最终得到完美开发的是出生之后展开的理想、付出的努力，以及所受的教育。

生活，日常生活，都免不了要经历钢铁所承受的类似磨难，只有从这些磨难中走出来，生活才能找到其最高的表达方式。对手的打击，贫困潦倒时的挣扎，灾难和损失带来的考验，逆境的摧残，忧心忡忡的折磨，重重困难的煎熬，冷入骨髓的拒绝，年复一年的教育和训练所带来的疲惫，凡是想获得最大成功的，这一切都必不可少。

通过这样的操控，铁得到了加强和精炼，变得更有弹性，因而能够满足工匠梦想的要求。假如每次敲打都将铁打碎，每一个炉子都把铁烧死，每一对轧辊都把铁轧碎，那么铁还有什么用？铁拥有抵抗这一切的品质和特点，因而每一次实验都会产生利益，直到最后取得成功。铁的这些特性总的来说是天生的，但是在我们人身上，这些特性却可以成长，可以培养，也可以开发，并且全都受个人的意志影响。

正如每一位匠人都从粗铁中看到了某种精致的产品一样，我们也许在自己身上看到某些辉煌的可能，才能实现这些可能。如果我们看到的只是马掌和钢刀，我们的一切努力和奋斗就不会产生游丝。我们必须为实现伟大目标而随机应变；我们必须下定决心奋斗，承受种种考验，付出必要的代价，并且心存信念：一切的折磨、考验和努力都将有所回报。

凡是在锻打、碾轧和抽取时退缩的都是失败者，“无名小卒”，性格有缺陷的人，或罪犯。就像铁块暴露在空气中会氧化一样，人的性格倘若得不到不断塑形，得不到退火，其可塑性得不到增强，就会恶化。

想成为普通铁块之类的很容易，只需要成为马掌就行，但是想要提高人生这个产品的价值很难。

很多人以为自己的底子比不过别人，穷困潦倒，能力不足，但是只要我们愿意通过耐心、辛劳、学习和奋斗，去敲打、抽取和精炼，把粗笨的马掌加工成精细的游丝，通过无限的耐心和坚持，就可以将原材料的价值提升到难以想象的地步。纺织工哥伦布，刚出师的印刷工富兰克林，奴隶伊索，乞丐荷马，刀匠之子德摩斯梯尼[①]，泥瓦工本·琼森[②]，普通士兵塞万提斯[③]，以及穷车匠之子弗朗茨·约瑟夫·海顿[④]，正是如此去开发其能力的，直到有一天他们能俯视群雄。

① 古希腊政治家、演说家。

② 英国剧作家、诗人、文学批评家。

③ 西班牙小说家、诗人、剧作家。

④ 奥地利作曲家。

随便找一百个男孩女孩，他们与生俱来的天赋其实都差不多，不过其中有一个人，其自我提升的手段并不比别人强，甚至要差很多，但是这个人将其原材料的价值提升了一百倍，五百倍，哎呀，甚至是一千倍，而另外那九十九个却在奇怪为什么自己的材料依旧粗糙，并把自己的失败归咎于运气不佳。

当一个男孩在悔恨自己缺乏机会，上不了大学，摆脱不了无知状态时，另一个机会更少的男孩挤出被第一个男孩浪费的零碎时间，完成了很好的教育。同样的材料，一个建成了宫殿，另一个却只建了棚屋。同样的大理石，一个雕琢出美丽的天使，让人一见欣喜，另一个却雕琢出了怪物，让人一见就厌恶。

你能将生命的价值提升多高，取决于你自己。你能否成长为发条或游丝，在很大程度上取决于你的理想、你进取的决心，取决于你是否有被锻打、抽取和淬火的勇气。

当然，生产最精美产品的过程是困难和痛苦的，很需要勇气。不过你能忍受此生永远只是一块粗铁或是一只马掌吗？

第十四章
演讲以修身

一个人最迅速、最有效地把潜能发掘出来的方法莫过于时常进行当众演讲。当一个人开始即兴演讲时，整个人的力量和技巧都在经受严峻考验。

一个人不管是否想成为一个演说家，都应该能够完全掌控自己，自我依靠，自我找到平衡，这样，不管面对怎样的听众，他都能从容地站起来，清楚地表达自己的思想。

用某种方式自我表述是开发脑力的唯一方法。开发脑力也许可以通过音乐来完成，也许可以通过画布、口才、出售商品或者撰写书籍来实现，但是必须通过自我表达来达到目的。

任何合理合法的自我表达都会把人内心的资源和创造力召唤出来，不过当众演讲这种自我表达的方式是最彻底、最有效的锻炼人的方式，也是最迅速展现其所有力量的方式。不学习表达艺术，尤其是当众讲演，却能够达到文化的最高标准，这是值得怀疑的。古往今来，演讲都被视为人类成就的最高表达方式。年轻人不管将来想干什么，是铁匠也好，是农夫也好，是商人也好，是医生也好，都应该学一学演讲术。

一个人最迅速、最有效地把潜能发掘出来的方法莫过于时常进行当众演讲。当一个人开始即兴演讲时，整个人的力量和技巧都在经受严峻考验。

相比之下，作家具有一定的优势，可以等待合适情绪的到来，想写时才写，草稿不合适时，可以一遍又一遍地修改。作家没有被上千只眼睛盯着，也没有很多人批评他的每一个句子，掂量他的每一个思想。他不必像演说家那样，接受每一位听众的衡量。作家只要自己乐意，就可以漫无目的地写，只要他想，既可以多用脑子和精力，也可以少用脑子和精力。没有人在盯着他。他的骄傲和虚荣都不受影响，他的作品也许永远也没有人看。而且他总是有修改的机会。在音乐中，不管是声乐还是器乐，一个人发出的声音只有部分是自己的，其余的则属于作曲家。在交谈中，我们没有言语决定一切的感觉，听到我们说话的只有少数几个人，而且听过了也就听过了，谁都不会再去回味。然而当一个人试图当众演说时，原先的一切支柱都倒了。他没有了依靠，也得不到任何帮助和建议。他只得从自己身上发掘资源，什么都得靠自己。他也许腰缠万贯，良田万顷，住在高屋华堂之中，但是此刻这一切都用不上。他所拥有的只有自己的记忆、经验、教育和能力。人们只能依据其言语，依据其在演讲中所表现出来的自己，来对他进行判断。他在听众的评判中，要么通过，要么倒下。

凡是想成为文化人的都必须训练自己的随机应变能力，这样，他随时都可以站起来，把自己的意思表述清楚。餐后演说的场合正在急剧增加。从前在办公室解决的很多问题如今被拿到餐桌上进行讨论和处理。各种商业交易如今都在餐桌上达成。因此，对餐桌演说的需要从没像今天这么迫切。

我们都知道一些人通过辛勤工作和坚持不懈爬升到高位，但是他们在公开场合不能灵活应变，甚至连简单讲几句话或提个提案，都会像颤杨的叶子一样抖动。他们年轻时，在学校或辩论俱乐部，有大把的机会克服自己的不自在，学会自如流利地当众讲话。不过由于胆怯，或者觉得别人把辩论或问题处理得更好，他们每次都退却了。

如今有许许多多的商人，假如能够回到从前，重拾被他们放弃的机会，学会即兴演讲，他们愿意付出大把大把的钞票。他们如今有了钱，有了地位，但是一旦让他们当众讲话，他们就看上去很愚蠢，脸色通红，结结巴巴地道个歉，然后又坐下。

不久前，我参加了一个会议。有个社会地位很高的人，在他自己的领域是绝对的权威，被要求就正在讨论的问题发表意见，于是他站起来，浑身颤抖，结结巴巴，几乎说不出话来，表现得很丢脸。他有能力，也很有经验，但是他就在那儿站着，像个无助的孩子。他感到很受伤，也很窘迫。如果能让他重回少年时代，学会即兴演说，这样他就可以随机应变，把自己所知道的有力而有效地说出来，那么他也许愿意付出任何代价。

在要他就一个公共话题表态时，这个在熟悉他的人中间颇受尊敬和信任的能人本应该很有话说的，但是他不幸失败了，然而就在这个会议上，来自同一座城市的一个头脑浅薄的商人却站起身，做了一个精彩的发言，尽管此人的能力不足能人的百分之一，但是在陌生人眼中，此人却比能人更强。此人只不过是培养了即兴表达的能力而已，另一个却没有。

纽约有个聪明的小伙子，在很短时间内就荣任要职。他对我说自己好几次都大吃一惊。在一些宴会或其他公共场合，他曾被邀请讲话，发现自己竟然拥有从前做梦也没想到过的能力。他如今最后悔的就是过去把那么多表现自己的机会错过了。

把自己的观点用清晰、简洁、令人信服的语言表达出来，这样的努力会让人在日常使用语言时，更考究，更直接，更注意遣词造句。演讲总会以某种方式发展脑力和性格，这也就解释了为什么学生在参加了演讲比赛或者加入辩论社团后会迅速成长。

切斯特菲尔德勋爵曾说过，每个人都会选择使用好词而不是坏词，选择说恰当的话而不是不恰当的话；倘若他有心且用心，他还可能姿态优雅，做一个宜人的而不是讨厌的说话者。这事关努力和准备。一切均在你学习希望了解的知识的过程中。你的声音、举止和精神表现都是要考虑和培训的内容。

一个人要想在大庭广众之下随机应变，就必须脑筋动得快，动得有力，动得有效。同时，说话时必须控制好声音，再加上适当的表情和肢体语言。这些都需要在青少年时期进行训练。

单调，一切都是一成不变、死气沉沉的，没有比这一点更能迅速地让人疲倦了。必须有变化，没有了变化，人脑很快就会疲倦。

单调的声音尤其令人疲倦。让声音高低起伏，甜美流畅，从而让耳朵感到愉悦，这是一门了不起的艺术。

格赖斯顿曾说过："在一百个人当中，有九十九个因为忽视声音的训练，认为声音训练不够重要，因而不能脱离平庸。"

据说德文郡曾有一位公爵，此人是英国政治家中唯一一个在讲话时打盹的人。他在发表干巴无趣的演说方面是个天才，可以用单调的声音讲个不停，中间时不时停顿一下，好像是要提下神，而实际上却是在打盹。

未来的演说家在年轻时，必须锻炼好身体，因为演讲时的力量、热情、意志力等都深受身体条件的影响；此外，他还必须培训仪态，掌握良好的习惯。假如韦伯斯特坐在参议院，把脚翘在桌子上，那么他对海恩[①]的回答会有什么样的结果？你能想象像利莉安·诺迪卡[②]这样的伟大歌手，一边想把听众迷倒，一边却懒洋洋地坐在沙发上吗？

想要考验一群人脑子里到底有什么，最严厉的考核就是让他们当众演讲，在所有人当中，演说家是最容易暴露缺点、成为别人眼中的傻瓜的。除非是那些脸皮厚，那些没有感觉、对别人的看法毫不在乎的人，其他无论是谁，即兴演说都是一个很强大的老师。即兴演说最能揭示一个人的弱点，展现其思想局限及语言和词汇的贫乏；它是检验一个人性格和阅读面的最好的试金石，也是检验他观察细致不细致的试金石。

早年的演说训练会让人谨慎，通过广泛阅读和查阅词典选择好的词汇。

① 美国政治领袖，曾任参议院议员、北卡罗来纳州州长、查尔斯顿市市长。

② 美国歌剧演员。

演讲者必须多掌握些单词。

说话必须准确、简洁，要学会当止即止。在表达完观点后，不要喋喋不休，否则你只会淡化你给别人留下的好印象，削弱你的影响力，让人觉得你不懂进退，缺乏判断力和分寸感，从而对你产生偏见。

成为好的演说家会很好地唤醒头脑的各种能力。掌控听众的注意力，调动听众的情感，使听众深信不疑，由此而产生的力量感让我们自信独立，唤醒我们的雄心，让我们在各方面都变得更有效率。一个人的气概、个性、学识以及判断力，成为这个人的一切，像全景一样展开。大脑的每一种功能都被加速，思想和表达的每一种力量都受到刺激。演讲者调动一切经验、知识以及先天和后天的能力，集中一切力量，努力表达自己，赢得听众的赞成和掌声。

这样的努力影响人的全身，额头流汗，眼睛冒光，面颊泛红，血液上涌。休眠的脉冲受到刺激，半遗忘的记忆被重新想起，想象得到加速，安静时想不到的比喻信手拈来。

这种对整个个性的强制唤醒所产生的影响在演讲结束后，仍然久久不能平息。用合乎逻辑和条理的方式调动全部潜能，将所有力量都展现出来，这使得潜能从此更容易利用，更容易调动。

辩论俱乐部是演说家的幼儿园。不管前去要走多少路，有多么麻烦，准时到达有多么困难，你在那里得到的操练往往是你人生的转折点。林肯、威尔逊、韦伯斯特、鲁弗斯·乔特①、克莱和帕特里克·亨利②都在已经过时的辩论社团里得到了锻炼。

千万不要因为自己对议会法规一无所知，就拒绝担任辩论俱乐部和社团的主席，不积极参与活动。这只是个学习场所，你接受了职务，你就可以制定规则，你很可能压根儿就不知道有哪些规则，直到你坐上那个发号施令的位

① 美国律师、演说家及议员。

② 美国律师、种植园主、政治家，弗吉尼亚州首任州长。

置。尽量多加入年轻人的组织，尤其是那些自我提高的组织，强迫自己一有机会，就当众讲话。如果没有机会，那就创造机会。凡有问题需要讨论，就站起来，说几句。别害怕站起来提议案或者附议别人的议案，又或者发表意见。别等到自己准备得更好了再发言。你永远也不可能准备得更好。

你每站起来一次，就会多一份自信。这样，用不了多久，你就会养成习惯，当众发言就会像做其他事一样自如。要说快速、有效地锻炼年轻人，什么也比不过辩论俱乐部和形形色色的讨论。我们的很多公众人物都认为自己的进步主要归因于老式的辩论社团，而不是其他任何东西。他们在那里找到了自信，发现了自己。也正是在那里，他们学会了不再害怕，学会了独立表达观点。在辩论中坚守立场最能调动年轻人的潜能。就像通过摔跤来锻炼身体一样，辩论对大脑也是一种强有力的锻炼。

千万不要蜷缩在后排的座椅上。坐到前排去。别害怕展现自己。蜷缩在角落，避开别人的视线，防止引人注目，这对自信心会造成致命的伤害。

对任何人，尤其是男女学生，逃避公开辩论或讲话非常容易，而且很有诱惑力，原因是他们目前还未做好准备。他们在等待自己的语法更好一点，等待自己阅读了更多的历史文学书籍，等待自己更有文化，举止更加自如。

学会优雅和自如，学会气定神闲，从而在公共聚会上稳如泰山，其方法就是积攒经验。翻来覆去地做一件事，直到习惯成为自然。如果你受邀讲话，那么无论你多么想退缩，也无论你有多么胆怯羞涩，你都要拿定主意，绝不放过这个自我提高的机会。

我认识一个年轻人，很有演讲天赋，但是他这个人很胆小，总是害怕自己经验不足，所以在收到邀请让他在宴会或公开场合演讲时，他总是退缩。他缺乏自信，他很傲气，非常害怕出错出丑，所以总是等啊等，一直等到胆气全无，一直等到自以为在演讲方面永远也不会有所作为。倘若能够时光倒转，让他接受曾经的那些邀请，这样他就可以从中获取经验，那么他会不惜任何代价。对他来说，相比于错失那么多次让他成为优秀演说家的机会，让他犯个错，甚至崩溃几次，要好上千倍。

所谓的“舞台恐惧症”非常普遍。一位大学生背诵《致元老》，教授问：“恺撒[①]会这么说吗？”“是的，”学生回答，“假如恺撒也被吓得半死，紧张兮兮的话。”

经验不足的人在得知自己处在众目睽睽之下，每一个听众都在研究他，审视他，挑剔他，看看他究竟是什么货色，代表着什么，而后再确定和预料的有什么不同时，那么他肯定害怕得要死。

有些人天生敏感，害怕被人瞩目，所以，哪怕讨论的是他们感兴趣的问题，是他们很有看法的问题，他们也不敢开口。在辩论俱乐部，在文学社团的会议上，或者在任何聚会上，他们都默默地坐着，渴望发言，却害怕发言。假如让他们临时提个提案或即兴演讲，他们会被自己的声音吓倒。一想到要表达自己的观点，要就某个话题发表有见地的看法，他们就会脸红，往后退缩。

这种胆怯与其说是害怕听众，不如说是担心找不到表达自己思想的合适方式。

演讲最难做的就是克服忸怩不安的感觉。听众锥子一样的目光似乎要把自己刺穿，在不停地打量自己，批评自己，所以很难从脑海里抛出去。

演说家在演说时，只有忘了自我，克服不安的感觉，才会给听众留下深刻印象。倘若他心中总想着自己给听众留下了什么印象，听众对他会怎么看，他的力量就会打折扣，他的演说就会变得机械呆板。

台上的小小失败有时反而会产生很好的效果，因为它会让演讲者下决心不再失败。德摩斯梯尼的壮举和本杰明·迪斯雷利[②]的“你们聆听我演说的那一天终将到来”，都是历史上著名的例子。

---

① 古罗马将军、政治家、执政官、杰出的拉丁语作家。

② 英国政治家、作家，曾两度出任英国首相。

能够名垂青史的不是演说本身，而是演说背后的那个人。

一个人之所以有分量，是因为他本身就是力量的象征，他本人就对自己所说的话深信不疑。他的性格中没有任何负面的、可疑的、不确定的东西。对某件事，他不仅仅懂，而且知道自己懂。他的意见中蕴含着他这个人的分量。他整个人都赞同自己的判断。他对自己的判断深信不疑，并且言行合一。

在我听过的最令人着迷的演讲中，有这么一个人，为了听他演讲，人们不惜从大老远赶来，甚至在演讲大厅外面站上几个小时。但是这个人得不到听众的信任，因为他缺乏个性。人们喜欢受他的口才影响，他那完美的语句和节奏中有着巨大的魔力，然而人们对他所说的东西却不敢相信。

演讲者必须真诚，因为听众很快就能识破伪装。假如听众在你的眼里看到闪躲，发现你不诚实，在演戏，他们就不会信任你。

只说好听的和有趣的事是不够的。演讲者必须让听众相信自己所讲的，而要想让别人相信，自己首先必须有坚定的信念。

不经历大事，很少有人知道自己最大的能耐，了解自己的全部力量。在紧急关头，我们往往会创造出奇迹，不仅让别人惊奇，连我们自己都感到讶异。那种默默地站在我们身后、隐藏在我们深处的力量，说不定在什么时候就会出来救助我们，将我们的能力加强千倍，让我们完成从前认为绝不可能做到的事情。

口才训练在人生中所起的作用很难估计。

一些大事件催生了世界上一些最伟大的演说家。西塞罗、米拉波[1]、帕特里克·亨利、韦伯斯特和约翰·布莱特[2]都可以为此作证。

美国国会伟大的演说——韦伯斯特对海恩的答辩，和现场形势有着莫大的关系。韦伯斯特虽然没有时间准备，但是现场形势将这位巨人的全部潜能唤

① 法国革命家、作家、政治记者、外交官。

② 英国政治家、演说家、自由贸易政策促进者。

醒，使得他能够俯视对手，使海恩相形见绌。

虽然曾经发现了很多天才，但是相比于形势，其过程要慢得多，也不那么有效。相反，形势却容易发现演说家。每一次危机都会召唤出之前没有开发的能力，甚至是压根儿就没有想到的能力。

面对空荡荡的大厅，面对空无一人的座位，再伟大的演说家也不可能像面对一群被他的演讲点燃的听众一样，提供同样的力量和魅力。直面听众，其中似乎隐藏着某种魔力，一种无以名状的磁力，像补品一样，刺激大脑的各种功能。演说家面对听众时，会说出走上讲台前还说不出的东西，这就好像我们和朋友谈得开心时，会说一些一个人时说不出的话。就像两种物质化合时会产生新物质一样，演说家感觉到头脑里有一股力量在上涌。他把这股力量称为灵感，是和观众化合后产生的力量，是他身上原先并不存在的巨大力量。

演员告诉我们，管弦乐队、脚灯和观众会带来无以名状的灵感，而这种灵感在机械的排练中是感觉不到的。在一张张期待的人脸中，有某种东西，它唤醒人的雄心壮志，激发人的潜力。这种力量只有在观众面前才能感觉得到。它始终都在那儿，但是之前却没有被激发。

在伟大的演说家面前，听众完全受演说家左右。演说家想让他们笑，他们就笑，想让他们哭，他们就哭，叫他们站起来，他们就站起来，叫他们倒下，他们就倒下，直到最后演说家解除了魔咒。

什么是演讲术？不外乎刺激听众的血液，唤醒听众的雄心，让听众不由自主地立马采取行动！

“他的言语就是法律”这句话说的就是一些政治家，他们的口才影响着世界。有什么比改变人思想的艺术更伟大？

温德尔·菲利普斯虽然招南方人的恨，但是南方人很乐意听他演讲，他用演讲极大地触动了南方人的感情，改变了他们的看法，所以有那么一瞬间，他几乎成功地让南方人相信自己错了。我曾经见过他，当时在我看来，他几乎拥有神一般的力量。像大师一样，他很轻松地左右着听众。当时有一些曾经憎恨他的人也在场，连这些人也忍不住为他欢呼。

据威特莫尔·斯托里[1]说，詹姆斯·拉塞尔·洛威尔在学生时期，曾经和斯托里去法尼尔厅[2]听韦伯斯特演讲。他们本来是想去嘘他的，因为他赖在约翰·泰勒[3]的内阁。他们以为很容易让三千人和他们一起嘘他。等到韦伯斯特一开口，洛威尔的脸唰地白了，斯托里的脸则青了。他们觉得韦伯斯特的大眼睛正盯着他们。他刚开了个头，就让他们从嘲弄变成钦佩，让他们从蔑视变成尊敬。

“他让我们得以一瞥‘至圣所’。”洛威尔在讲述自己聆听一位伟大的牧师布道时说。

① 美国雕塑家、艺术批评家、诗人、编辑。

② Faneuil Hall，美国波士顿的一座历史建筑，靠近海滨和今天的政府中心。

③ 美国第 10 任总统。

第十五章
面子工程

什么样的衣服，什么样的人穿。[①]

——莎士比亚

通常来说，衣着整洁的人，道德也整洁。

——H.W. 肖

① 引自《哈姆雷特》。

好的仪表包含两个要素：身体干净、衣着漂亮，通常这两个都是一起的。衣着整洁意味着其人讲究卫生，外表邋遢则暗示此人不讲究仪表，而这种不讲究很可能不止于覆盖在身体上的衣物，而是直达内心。

我们首先通过身体来表达自己。身体的外部条件被看作内心的象征。倘若因为忽视或者无所谓而让身体丑陋或者令人反感，那么我们就会觉得有什么样的身体，就有什么样的思想。一般来说，这种说法是正确的。高尚的理想，干净、健康、有力的生活和工作与低标准的个人卫生状况不共戴天。凡是疏忽了洗澡的年轻人，一定会疏忽其大脑，他很快就会全面堕落。凡是不再挑剔自己仪表的年轻女性，很快就会失去魅力，她会渐渐堕落，直到成为一个毫无雄心的邋遢女人。

所以，《塔木德》① 把洁净视为仅次于神性。我觉得还可以把洁净排得更靠前些，因为我认为绝对的洁净就是神性。洁净，或者身心纯洁，将人带往天国。没有了洁净，人与畜生无异。

漂亮、强壮、干净的身体和漂亮、强壮、干净的性格之间有着紧密的关系。凡是在某一方面粗枝大叶的，哪怕再怎么努力，在另一方面也不会好到哪

① 犹太人重要的一部典籍。

里去。

遵守洁净法则除了有审美和道德方面的考虑之外，同样也和自身利益相关。我们每天都会看到有人将不注意卫生视作“缺点”。我记得有一些速记员因为指甲不干净而丢掉工作。我认识一个在大出版社工作的人，很诚实，也很聪明，但是因为不刮胡子、不刷牙而丢掉工作。不久前，一位女士提起自己到一家商店去买丝带，不过她在看到售货员的手后，就改变了主意，换了一家商店。“精美的丝带，”她说，“在脏手接触后，就不再那么清新了。”

要想拥有不错的仪表，首先要强调的一点就是必须勤洗澡。每天洗澡可以保证皮肤的干净健康，否则身体的健康就无从谈起。

其次是护发、护手和护齿。这只需要稍花时间，使用一下肥皂和水，就能做到。

修剪指甲的工具很便宜，几乎人人都买得起。假如你买不起全套的，你就买一把锉，那样就可以使指甲光滑、干净。

保持牙齿健康也很简单，不过在牙齿清洁方面做得不好的人要多于在其他方面不干净的人。我认识一些青年男女，他们衣着整洁，对自己的仪表也似乎很自豪，但是其疏忽了牙齿。他们没有意识到，对人的仪表伤害最大的就是一口不好的牙齿，或者是少颗门牙。不管是男是女，让人最无法接受的就是口臭，然而凡是疏忽了牙齿的人，无不收获口臭的恶果。没有哪个老板愿意雇用少颗门牙的人。很多找工作的人因为一口烂牙而得不到想要的工作。

对于那些必须在世上进行打拼的人来说，关于衣着的最好建议可以用下面一句话来总结:“衣着须靓而不费。”[1] 简洁是一种最大的魅力，如今有各种便宜而又有品位的布料可供选择，所以大多数人都能够穿得很好。不过如果条件不允许，买不起好衣服，也不要因为衣服破旧而脸红。穿一件花钱买的旧衣服

① 引用自约翰·利利，出处不详。约翰·利利，英国诗人、戏剧家、政治家。

比起穿一件讨要来的新衣服，前者让你更受人尊敬。让世人皱眉的是可以避免的懒惰，而不是无可避免的褴褛。如果你的穿着与经济状况相符，哪怕穿得再差，你的穿着也很得体。尽量打扮得好一些，时时刻刻保持干净整洁，要不惜一切代价维系自尊和真诚，这样的意识才会让你从逆境中走出来，赋予你尊严、力量和魅力，从而赢得他人的尊敬和仰慕。

赫伯特·H. 弗雷兰在很短的时间内，就从长岛铁路①的一个部门领导，爬升到主管纽约市所有地面铁路的位置。有一次他在讲如何取得成功时，说道：

“人并不靠衣裳，但是穿得好的确让很多人找到了好工作。假如你有二十五美元，想找份工作，那么你花上二十美元买套衣服，四美元买双鞋，然后用剩下的钱理个发，修一下面，洗个澡，走到应聘的地方，要比你穿得邋里邋遢、怀揣着钱去应聘好得多。”

很多大公司都有规定：应聘时，凡是看上去邋里邋遢或者衣冠不整的，一律不予录取。芝加哥一家最大的零售商店负责招聘售货员的人这样说：“尽管应聘要求都必须严格遵守，然而事实上，决定应聘者是否被录取的最重要因素却是个性。”

应聘者有多少优点或才干并不重要，重要的是不能对仪表粗心大意。璞玉的价值远高于耀眼的玻璃，但是后者得到了职位，前者有时被拒绝。靠良好的仪表谋取到职位的人也许比一些被拒的人浅薄，但是得到了职位，他们就有可能保住职位，哪怕他们的才干还不足被拒之人的一半。

适用于美国老板的法则同样也适用于英国老板，这一点从《伦敦布店记录》中得到证明。记录是这样写的：

“凡是注重个人卫生和衣冠整洁之人，做事也格外认真。邋遢的工人生产

① The Long Island Rail Road，简称 LIRR，是纽约市的一条通勤轨道，西起曼哈顿，东至位于长岛的苏福克郡。

邋遢的产品，而注意仪表的工人生产的产品也漂亮。不仅车间里如此，商店里也同样如此。聪明的售货员通常很注意穿着，绝不穿脏衣服，也不允许衣袖破损，领结褪色，是不是？对个人习惯和仪表的那份额外关注通常表明其头脑警觉，反对一切懒惰行为。”

凡是想获得成功生活中那最有效的成分——自尊——的年轻人，都不能对衣着漫不经心，因为“穿什么样的衣服，有什么样的性格”。穿着体面让人举止优雅自如，而破旧、肮脏或者不合身的衣服则让人感觉拘束不自在，缺乏尊严，感到无足轻重。就像穿过漂亮新衣服的人都知道的那样，衣服影响情绪和自尊。（话又说回来，谁没有过这样的经历？）破旧、肮脏或者不合身的衣裳使人士气低落，手足无措。“干净的衣服，”伊丽莎白·斯图亚特·菲尔普斯说过，“仅次于干净的良心，其本身就是道德力量的源泉。熨烫得很平的衣领，一副清新的手套，曾经让很多人渡过难关，相反，一道皱纹，或者一丝裂缝，就会打败他们。”

细节的成败才真正决定了一个人穿着的好坏。注重细节的重要性在下面的故事中，得到了充分展现。故事讲的是一位姑娘谋职失败的事情。话说一位有钱的妇女建了一所女校，让孩子能在这里接受良好的教育，学会自我谋生。她想找一位管事的人，兼做老师。当委托人向她推荐一位懂进退、有知识、举止优雅的姑娘时，她感到很庆幸。委托人对姑娘大加赞赏，觉得她很适合这个位置。于是这位夫人立刻对姑娘发出邀请。从表面上看，姑娘在各方面都符合要求，然而这位夫人却果断拒绝了姑娘，并且没给出任何理由。过了很久，有位朋友对她的行为始终感到不能理解，就问她为什么拒绝这么能干的老师，她回答说：“是因为一件小事，但是就像埃及象形文字一样，小事却蕴含很多意思。姑娘来见我时，穿得很时尚，衣着也很贵，但是戴着脏兮兮的旧手套，而且鞋子的扣子也掉了一半。懒散的女人是不适合指导女孩子的。”应聘者也许永远也不知道自己为什么得不到职位，因为除了对穿着的细节有点漫不经心之外，她无疑在各方面都很合适。

无论从哪个方面看，花钱打扮得好看都很值得。了解自己穿得漂亮就像一剂补药。很少有人强大到不为环境所动。假如你衣衫不整地躺着，不洗漱，也不整理房间，怡然自乐，因为你并不打算见人，那么你会发现自己很快就沾染上衣着和环境的情绪。你的大脑会倒下去，拒绝开动，像你的身体一样，变得懒惰、马虎。另外，当你感到心情“压抑”，身体有些不舒服，不想工作时，请不要穿着旧睡袍躺着，相反，洗个澡，穿上最好的衣服，好好地化个妆，就好像要去一个时尚晚会一样，这样，你会有种重生的感觉。在你打扮好之后，你的“压抑”和不舒服的感觉十有八九会像噩梦一样，不翼而飞，你的整个人生观都会为之一变。

我强调衣着的重要，并不是要你像英国的花花公子乔治·布鲁梅尔[①]那样，每年花在衣服上的钱就高达四千英镑，打个领结要花上好几个小时。对衣着的过度热爱比不修边幅还要糟糕，这样的人就像布鲁梅尔大少那样，将衣着当成人生的主要目标，却忽视了对自己、对他人最神圣的义务，或者像布鲁梅尔大少那样，一睁眼就开始研究衣着。不过从对我们自己以及我们所接触的人的影响来说，我坚持认为，在我们的职位要求下，在我们的经济条件允许下，要尽量穿得好一些，漂亮一些。这不仅是义务，也很实惠。

很多年轻人错误地认为“穿得好”就是穿得贵，有了这样错误的观念，他们就像完全不在意穿着的人一样，误入歧途。他们把开发智力的时间用来学习打扮，计划从有限的薪水中，拿钱购买在时尚商店中看到的价格不菲的帽子、领带或者外套。假如他们买不起垂涎的商品，就会去买廉价的水货，结果只能使他们看上去很可笑。这样的小伙子戴便宜的戒指、打红领带、穿格子衫，而且几乎毫无例外地都做着廉价的工作。卡莱尔曾这样形容一个花花公子：“一

① 纨绔风的制造者，19世纪初的英国时尚领袖。

个只知道穿着的人，其工作和生活就是穿衣，其心灵、精神、身体和钱袋全都奉献给了这唯一的目标。”这些小伙子就像花花公子一样，活着就是为了穿衣，没有时间自修，也没有时间谋求更高的职位。

过度讲究穿着的女性和过度讲究穿着的男子相比，唯一的差别就是性别。无论男女，这一类人的行为举止似乎都和衣着有着微妙的联系。他们的穿着风格显示其性格比懒惰邋遢的人更让人讨厌。莎士比亚的话“什么样的衣服，什么样的人穿”已经为世人接受，有些人自以为某件衣服让他们拥有了挡不住的魅力，而实际上他们往往为衣服所累。乍一看以衣冠取人似乎太匆忙，太肤浅，然而经验却一次又一次证明，衣着一般还真的能衡量其人的品位，所以有抱负的人选择衣服时，要像选择朋友一样，必须谨慎。古语说得好：“观其友，知其人。”与此异曲同工的还有现代的一句富含哲理的话：“让我看一看某个女人一生的穿着，我就能为她作传。”

“教育女孩说美丽毫无价值，衣着毫无用处，”西德尼·史密斯说，“这样做真是愚蠢透顶！美丽是有价值的。她一生的前途和幸福也许就取决于一件新衣服或者一顶漂亮的帽子。假如她还有点常识，就一定会发现这一点。重要的是要教她认识这些东西的真正价值。”

没错，人是不靠衣裳，但是衣裳对人的影响大到我们不愿意承认。普伦提斯·马尔福德[①]声称衣着是通往人类精神的一条道路。当我们想起衣服对个人卫生状况的影响时，就会发现这句话并不夸张。比如，让一个女人披一块脏兮兮的破布，那么谁都不会在乎她头发脏不脏，卷不卷；谁也不会在意她的手和脸是否干净，她穿什么鞋子。我们会想当然地认为：“什么东西配那块破布，都很搭。”她的步态，她的举止，她的情感，都不知不觉地受到那块破布的控制。假设她换个行头，穿上精美的细布衣裳，她的样子和动作将

① 美国作家、幽默大师。

会多么不同啊！她的头发将梳得整齐，以便和衣服相配。她的手、脸、指甲必须和身上的衣服一样毫无瑕疵。露着脚跟的旧鞋子也换成合适的便鞋。她的大脑也换了个频道。她仅仅因为换了身干净的衣服，就比穿一身肮脏的旧衣服得到了多得多的尊敬。“你想改变自己的想法吗？换身衣服，你立马就能感受到其影响。”

甚至连自然学家、哲学家布丰伯爵[①]这样的大权威也证明了衣着对思想的影响。他宣称必须穿上宫廷礼服，才能思考。所以，他走进书斋前，都会穿上宫廷礼服，甚至还佩上剑。

不合身、难看或者破烂的衣服不仅让人失去自尊，而且让人乏力，不舒服。好的衣服令人举止自如，口若悬河。穿着得体让人行为优雅，举重若轻；穿着不得体则让人紧张。

我们感到上帝偏爱美服。他让自己创造的一切事物都披上美和荣耀的外套。每一朵花都身着盛装；每一块田地都羞红了脸，躲在美的斗篷下；每一颗星星都笼罩在光明之中；每一只鸟儿都身着最漂亮的衣裳。毫无疑问，当我们为他创造的最伟大的作品[②]披上美丽的外衣时，他一定很高兴。

① 原名乔治·路易·勒克莱尔，法国自然学家、数学家、天文学家。

② 指人。

第十六章
求人不如求己

在只能完全依靠自己，绝不可能获得外援的形势下，有某种东西，它可以唤醒人身上最伟大、最辉煌的东西，将人的最后一丝潜力发掘出来，就好像出现紧急情况，一场大火或其他灾难将受害者做梦也没想到的力量给挖掘出来一样。

凡是正常的人，都能够独立自主，但是只有很少的人真正培养出了这种能力。依靠别人，跟随别人，让别人去动脑筋，做计划，这要容易得多。

普通美国人最大的缺点就是，如果不在某方面具备特殊才能，通常就会认为不值得去拼命。

千万别以为如果你不是天生的领袖，就一定是个天生的追随者。你没有做领导的大才，这不是你放弃培养自己小才的理由。在我们的力量受到考验之前，我们永远也不知道自己有什么样的力量。很多成为大领袖的人并不是生来就是领袖——当初从他们身上，可看不出有多少独立自主的能力。

领袖们不抄袭。他们不会跟在大众后面，人云亦云。他们思考，他们创造，他们自己制定项目，然后加以实现。

能够成为某方面代表之人何其少哉！大部分人只不过是芸芸众生的一员，只是将群体扩大了一点而已。能够超越同侪、独立自主的人何其少哉！

几乎人人都要依靠某物或某人。有些人依靠金钱，有些人依靠朋友，有些人则依靠衣物、依靠家族及其社会地位，但是我们很少看到有谁完全靠自己，一生全凭自己，却能够独立，不缺资源。

我们年纪渐长后，往往不肯原谅当初让我们依靠的人，因为我们知道这样的依靠剥夺了我们的成长权。

儿童在父亲告诉他怎样做某件事时，会感到不满。当他通过亲自动手，完成了这件事后，瞧他脸上的狂喜！这种新的征服感是一种新增的力量，能提高其自信和自尊。

大学并不培养实际操作能力。它只不过为工人提供了工具。工人必须通过实践来学习，学习熟练使用工具。真正锻炼人的性格，将人身上的成功材料提炼出来的，正是这个“苦难学校”。

亨利·沃德·比彻过去常常讲述自己在孩提时发生的一件事：

“我被叫到黑板前，一边走，一边哭，心里没底。

“‘那一课必须会背。’老师说道，声音不大，但是却充满威严。一切解释和借口他都不听。‘我需要答案，不需要理由。’他会说。

“‘我真的学了两个小时。’

“‘那个我不管。我只问这一课你会不会。你不学习也行，你学习十个小时也行，随你的便。我只问你会不会。’

“这样的经历对刚入学的男孩来说很难，不过却也锻炼了我。不到一个月，我就拥有了强烈的独立感，有了足够的勇气来背书。

“有一天，我正背诵着，老师冰冷平静地对我说：‘不行！’

“我犹豫了，然后从头开始。等我背到同一个地方，一声不容置疑的‘不行’，终止了我的背诵。

“‘下一个！’我坐下来，满脸通红，茫然无措。

“下一个也被一声‘不行’喝止，但是他没理会，一直背完。等到他坐下后，被表扬了一句‘背得好’。

“‘为什么？’我哭问道，‘我像他一样地背，你却说不行！’

“‘你为什么不说行，然后坚持下去？仅仅会背课文是不行的，你还必须知道自己会背。你在确定这一点之前，什么也没学到。如果世人都说不行，你要做的就是说行，然后证明你行。’”

老师能够给学生提供的最大的服务就是训练学生独立，让学生依靠自己的力量。少年时不学会独立，长大后就会是个低能儿，是个失败者。

人类所经历的最大的欺骗就是不断得到他人之助，从中受益。

力量是每一颗有价值的雄心的目标，它只有在模仿或依赖他人时，才会变弱。力量是自我发展、自我产生的。我们不可能坐在健身馆，让其他人锻炼来增加我们自己肌肉的力量。依赖他人的习惯最容易毁灭独立的力量。假如你依靠他人，你就永远不会强壮，不会创新。要么独立，要么熄了出人头地的念头。

凡是想帮助子女起步，认为这样子女就不用像自己当年那样吃苦的人，他不知道自己实际上已经给子女带来了灾难。他所谓的帮助子女起步将来很有可能阻碍子女进步。年轻人需要一切能获得的动力。他们生来就是依靠者、模仿者，所以他们很容易成为应声虫、水货。只要你给他们提供拐杖，他们就连走路都不会了；只要你让他们依靠，他们就会一直依靠你。

培养勇气和力量的是自助，而不是提携或影响，是自立，而不是依靠别人。

“坐在舒服的垫子上的人必然会睡着。”爱默生曾说过。

得到别人帮助，感觉没必要努力，因为反正一切都会有人帮助自己做，还有什么比这样更能毁灭不懈的努力、打击自我奋斗呢?

“世上最难看的一幕就是一个健健康康的大小伙子，膀大腰圆，肌肉骨骼发达，体重足有一百五十磅，却袖手等待别人的帮助。”

你是否想过自己认识的人当中，究竟有多少人一直在等待? 他们很多人自己也不知道在等待什么，但是他们一直在等待。他们模模糊糊地觉得某个东西在等待他们，觉得某种巧合的机缘会为他们打开一扇大门，觉得某个恩人将会帮助他们，这样，即使他们没受过多少教育，没做好准备，没有资金，他们也能够起步或进步。

有些人在等待金钱，从父亲、有钱的叔叔或者某个远房亲戚那里搞到钱。另一些人则在等待那个神秘的玩意儿来帮助他们，等待所谓的“运气”“提携”或者“力挺”的到来。

在我认识的人当中，凡是习惯等人帮助、等人提携、等待别人的钱财、等待好运降临的，都没有多大出息。

抛弃一切助力，抛开拐杖，破釜沉舟，顽强自立，这样的人才是赢家。自立是打开成就之门的钥匙，自立展现潜力。

自信是一切成就的基石，对自信伤害最大的就是等待他人帮助的习惯。

一家大公司的老板最近说想让儿子到另一家公司去，让他吃点苦头。他担心儿子和自己一起干，儿子会依赖他，或者期待得到照顾。

受到父亲纵容、想来就来、想走就走的男孩很难有大出息。真正产生力量和自信的是独立能力的培养。依靠自己才是取得成就、培养做事能力的关键。

把男孩安置在可以依靠父亲或者受到另眼相待的地方是一件危险的事。在浅水里，因为知道可以触底，所以很难学会游泳。在水可以没顶的地方，男孩倘若不会游，就会沉下去，所以会学得很快。当他被切断了退路之后，他就会安全地游上岸。人的天性就是依赖别人，除非必要，否则绝不会做任何事。正是生活中“不做不行的事”，才使得我们的最大潜力得以表现出来。

这就是居家男孩没什么出息的原因，因为在家里总会得到父亲的帮助。相反，当他们无人可以依靠时，当他们被逼承受失败的羞辱时，他们常常很快就培养出一种神奇的能力来。

一旦你不再谋求别人的帮助，变得独立，你就踏上了成功之路。一旦你丢开了一切帮助，你就会挖掘出从未想到过会拥有的力量。

这个世界上最有价值的就是自尊，你要是到处找人帮助，就无法保持自尊。如果你下决心只靠自己，独立自主，你就会比过去强壮得多。

有时候，外援对你来说似乎是一种赐福，但它事实上是一个诅咒，让你不利于行。给钱的并非最好的朋友。那些督促你、逼迫你依赖自己、帮助自己的才是真正的朋友。

有很多比你年长但身体有残缺的人，只有一条腿或一只胳膊，却能够自己谋生，而你健健康康的，自己能工作，却谋求别人的帮助。

凡是身体健全的人，只有独立了，才会觉得自己是个真正的人。当他掌握了一门手艺，或者从事某种工作，让他能够完全独立，他会分外有力，资源充足，生活充实。这种感受是其他任何事情都不能带来的。责任发现能力。很多年轻人自己做生意了，才发现自己的能力。他要是替别人干活，也许过上很多年，他也发现不了自己的能力。

为别人工作是不可能激发一个人的最大潜力的。这是因为缺少动力，雄心和热情也不一样。不管责任感有多强，促使人发挥最大潜力的刺激和诱惑都阙如。人身上最优秀的品质就是独立、创新，这些品质倘若为他人服务，就永远也达不到最高境界。

水面平静时，操纵一艘船只并不需要多少技巧，也不需要太多的经验。当遇到风暴，波涛汹涌时，当船只航行在似乎要把它吞没的波峰浪谷之间时，当别人都惊慌失措时，当乘客惊恐万分、船员紧张时，考验船长技艺的时候就到了。

只有在大脑经受最大考验时，只有当年轻人绞尽脑汁挽救可能失败的局面时，他才能展现出最大的力量。用小投资做成大生意而不带来灾难，这需要经年累月的努力。唯有长年累月坚持不断地见客户，才能挖掘出年轻人的潜能。只有当钱不好挣，生意不好做，生活费用居高不下时，你才会取得最大的进步。没有奋斗，就没有成长，没有性格。

当年轻人晓得自己不需要努力，可以用钱购买“教育”，可以雇用老师帮他猜题时，他开发自身资源的机会有多大？穷人家的孩子深知自己不挣钱就没有钱，也不会有富爸爸、富叔叔、其他富亲戚来支持自己，他刻苦学习，熬夜或者利用部分假期来用功，抓住点滴时间来提升自己的机会有多大？

当别人包办了一切，男孩子还怎么自立或者培养独立的男子气概？大脑要使用，才能变强。只有奋力争取，才能激发勇气。

切断一切外援，一切只靠自己，要么出人头地，要么承受失败的耻辱，和这时的自己相比，我不相信有谁会付出同样的努力，一样地为实现目标而拼命。

在只能完全依靠自己，绝不可能获得外援的形势下，有某种东西，它可以唤醒人身上最伟大、最辉煌的东西，将人的最后一丝潜力发掘出来，就好像出现紧急情况，一场大火或其他灾难将受害者做梦也没想到的力量给挖掘出来一样。不知从哪里来的力量前来救援，他感到自己像个巨人，做一些之前根本做不到的事情。如今他的生命受到了威胁。他被困在车子中，出事的车子随时会起火，或者他乘坐的船触了礁，不弃船，他就会被淹死，必须立即行动起来。就像一位生病的母亲，看见孩子有了危险，绝望之中，身上升起一股力量，一股前所未有的力量，从而使她能够帮助孩子逃生。

人类倘若不需要为生计而奋斗，就会与野兽为邻。匮乏永远是种族的伟大开发者，需要总是刺激着人类从野蛮走向最高文明。

面对着儿童扭曲、饥饿的脸，发明家搜索内心深处，抓住了隐藏的力量，于是创造了奇迹。天啊，在严重匮乏的压力下，人类什么做不到？我们在受到考验之前，在某些巨大的危机召唤出隐藏在深处、轻易不会被调动的力量之前，我们永远也不知道自己身上究竟隐藏着什么。这种力量只有在紧急关头，在绝望之中，才有所反应，因为我们不知道如何抵达内心深处，抓住这股力量。

有一个男孩告诉父亲，说自己在树上看见了一只土拨鼠。父亲说不可能，因为土拨鼠不会爬树。男孩辩解说一只狗挡住了土拨鼠的归路，土拨鼠只得爬树，除此之外，它无路可逃。

在生活中，我们被迫做一些“不可能的”事。

自我依赖是友情、影响、资金、家族和外援的最好替代品。与人类的其他品质相比，它克服了更多的困难，成就了更多的事业，完善了更多的发明。

凡是能够独立的人，凡是不怕困难的人，凡是在障碍面前不犹豫的人，凡是相信自己与生俱来的能力的人，才是赢家。

为什么那么多人在这个世上无足轻重？其中一个原因就是他们害怕做事，缺乏信念。他们不敢有自己的思想，不敢主动出击。他们谨小慎微，生怕结下仇怨。他们在说出自己的想法之前，先把触角伸出来，试探你的立场，试探你是否和他们意见相同，所以他们发表的观点不过是对你的观点进行修改和补充而已。

人性当中有某种东西，这种东西热爱真诚真实的事物，热爱有想法并且敢于承认的人，热爱有信仰并且敢于实践的人，热爱有信念并且敢于捍卫信念的人。

有些人在了解我们的观点之前，不敢展现自己、不敢表达观点，生怕会和我们的观点相反，生怕会冒犯我们。对于这样的人，我们除了鄙视，还是鄙视。让我们高山仰止的人目标远大，敢于面对批评，勇敢地捍卫自己的目标，完成自己的任务。这样的人不会因为得不到理解而灰心，因为他深知唯有目光长远之人才能看清他的目标，而如果他立足长远，周围的人就注定看不到他的目标。

坚信自己是为了实现某个目标而到世上来一遭，坚信自己就是来帮助别人的，坚信在这个人生大舞台上，有一个只有自己能扮演的角色，因为每个人都有自己的角色，这会对你的人生大有帮助。假如你不出演自己的角色，人生就会缺点什么，就会不完整。上帝造人，就是为了让人到世上完成某件事情，扮演某一个角色。人在感受到这种压力之前，是不会有多大成就的。在扮演了自己的角色之后，人生似乎有了新的意义。

第十七章
精神上的敌与友

观念和思想也和其他任何事物一样，惺惺相惜。头脑中占统治地位的思想往往会驱逐敌对的思想。乐观精神会驱逐悲观精神，欢乐驱逐绝望，希望驱逐失望。

我们既可以让大脑成为美不胜收的艺术馆，也可以让大脑成为魂飞魄散的鬼屋，对于大脑我们想怎么装饰，就怎么装饰。

我们通过图像来思考。大脑中的图像总是先于实物。这些图像被拷贝进生活，蚀刻在个性上。现实不停地将这些图像输入生活，输入个性之中。

假如你面临两种选择：一种是有一群贼进入你的家里，偷走了最珍贵的财宝，抢走了你的所有财产；另一种是成功和幸福的敌人，亦即不和谐的思想、病态的思想、嫉妒的思想，进入你的大脑，盗走了你的舒适，抢走了你的安宁，让生活成为活的坟墓。你会发现前一个选择比后一个要好上一千倍！

无论你以何谋生，一定不能让病态的、不和谐的思想进入大脑。一切的一切都取决于你能否始终保持头脑清醒。要让你大脑的圣殿保持纯洁，不受任何邪念的侵袭。

纷扰的思想，病态的情绪，一旦生了根，就会滋长很多不和谐的思想，很多病态的情绪。一旦你容留了其中之一，它就会成千倍地繁殖，变得更加可怕。千万不要沾上不和谐或错误，也不要酝酿病态的情绪。任何东西一经它们接触，就会毁坏，就会留下毁灭的烙印。它们剥夺人的希望、幸福和效率。要在大脑中将一切黑色的图像撕扯掉，把这些图像赶出去。它们只会带来失误、失败、雄性的消失和希望的破灭。

我们必须把守住思想之门，将幸福和成就的一切敌人都拒于门外。除了我们思想中的敌人，那些由我们的激情、偏见和自私产生的敌人之外，我们没有真正的敌人。

上帝创造了我们，就是要我们做对的事，就是要我们刚直不阿，就是要我们纯洁、真实、无私，要我们大度、爱人，否则我们就不会真的健康、成功或幸福。身心和谐意味着思想的纯洁。

假如在孩提时代，有人教我们把一切毁灭性的敌人拒于大脑的门外，在大脑中只保留乐观上进、鼓舞人心、给人希望的思想，那么我们将会少掉多少劳心费神，避免多少摩擦和拧巴！心情一不好，头脑中就充斥着绝望、抑郁、忧愁的念头，仅仅几个小时，它所消耗的精气神比干上几个星期的重活消耗的还要多。这样的例子我知道的可不止一个！

只需几天或者几个星期，妒忌就会给人生带来非常可怕的灾难！妒忌让人丧失胃口，耗费生命，削弱精力，影响判断，它在生命最深处下毒。

一阵激情的飓风扫过头脑国度之后，只见一片狼藉，到处都是残破的人生希望、幸福和雄心的碎片，令人好不心酸。

假如小时候受到适当的思维训练，长大后想要避开这一切，将美丽、平衡和宁静纳入大脑，而把敌对思想、欢乐之贼、幸福和满足之盗带来的绝望拒于门外，将是多么轻而易举的事。

为什么一方面我们的身体很快就弄懂了热的东西会烫伤我们，尖锐的工具会刺伤我们，挫伤会让我们痛苦，学会了躲开让我们痛苦的食物，享受给我们带来快乐和安适的东西，而另一方面，在我们的精神领域，我们却不断地灼伤自己，把自己弄得鲜血淋漓，让致命的、毁灭性的思想毒害我们的大脑？这些精神挫伤、激情烫伤给我们带来了多么大的痛苦！然而我们却学不会把这些痛苦之源拒之门外！

上天无意让人痛苦，相反，人应该高兴，永远幸福快乐，乐观向上。使人类堕落的是反常的思维习惯。

人人都应该比最幸福的人更幸福，这是上帝的旨意。我们也许可以这样说：就像造物主让人多少要吃点苦头一样，最完美钟表的制造者会有意留下一点摩擦或不完美。

打败思想的敌人，需要不懈地、系统地努力。不投入精力，不下定决心，我们就不可能完成任何有价值的事情。如果不奋力抵抗我们的安宁和繁荣之敌，不把它们赶出意识，不把它们锁在门外，我们又怎能指望把它们赶出头脑呢？

把敌人拒于门外，把我们不喜欢的人、伤害我们的人、造我们谣的人拒于门外，对我们来说似乎没有任何困难。那么，我们为什么不能把思想之敌拒于思想的门外呢？

假如我们赤脚在乡下走一走，我们就能学会躲开尖锐的石头和多刺的石楠，以防它们刺伤我们的脚。躲开伤害我们、在我们身上留下丑陋的疤痕的思想——仇恨、嫉妒、自私这类让我们鲜血淋漓、痛苦不堪的思想，并不困难。这并非什么深奥问题，只不过是个把思想之敌拒之于外、把朋友接进来的问题而已。

有些思想给人以希望、欢乐和鼓励，并且贯穿整个思想体系，而另一些则拘束、压制一切希望、欢乐和满足。

设想一下，假如我们头脑中全是强健、充满活力、提供资源、有利产出的思想，我们将有多大的可能幸福、富足和长寿。

大脑在想着和谐时，就不可能吸纳不和谐的想法；当精神的镜子照映出美时，就不可能照映出丑；当欢乐和开心占主导地位时，就没有悲伤的位置；当欢笑、希望占据大脑时，忧愁悲伤就没有机会影响身体。

倘若你能够坚持住，把敌对的思想、恐惧的思想、焦虑的思想以及病态的思想拒于门外一会儿，它们就会一去不复返，但是倘若你招待它们、培养它们，它们就会反复上门，要营养，要鼓励。正确对待它们的方法就是对它们关上思想之门，让它们泄气。不要和它们有任何关联，抛下它们，忘记它们。遇到不好的事，不要说："这是命，我总是麻烦不断，我就知道会这样，事情总是这样。"不要自怨自艾。自怨自艾是个危险的习惯。学会让头脑保持干净并非什么难事。将不幸的经历、悲伤的回忆以及让我们丢脸、痛苦的记忆抹去；在过去的一切中，将这些不愉快的东西统统抹去，让头脑永远保持干净。

一旦你下定决心与阻碍自己进步、妨碍并扼杀自己的努力的事物一刀两断，与曾经让你痛苦不堪的往事一刀两断，你都不知道会有怎样的安宁、舒适和幸福降临。

要与错误和缺点一刀两断。不管曾经多么苦痛，都要把它们抹去，忘记它们，下决心再也不欢迎它们。

当然，这一切不可能一蹴而就，不过一个人只要坚持不懈，只要下定决心，只要足够警惕，就能够逐步把大部分思想敌人从头脑中驱逐出去。将不幸、痛苦、残忍的经历从头脑中驱逐出去的最好方式，就是让头脑充满美好的事物，充满灿烂、欢乐，充满希望的思想。

观念和思想也和其他任何事物一样，惺惺相惜。头脑中占统治地位的思想往往会驱逐敌对的思想。乐观精神会驱逐悲观精神，欢乐驱逐绝望，希望驱逐失望。让大脑充满爱的阳光，一切憎恨和嫉妒都会闻风而逃，这些黑影在爱的阳光下无法生存。

要坚持不懈地让大脑充满优秀的思想，充满慷慨大度的思想，充满爱、真理、健康、和谐的思想，这样，一切不和谐的思想就会唯恐避之不及。两种对立的思想不能并存于头脑之中。真理是错误的解毒剂，和谐是纷争的解毒剂，善是恶的解毒剂。

我们大多数人都分辨不出不同思想所造成的影响上的差异。我们都知道乐观向上、鼓舞人心的思想如何使人健康，如何使人青春焕发。我们从指尖上都能感受到其悸动。它像一股电流一样，让欢乐弥漫全身，它带来新的勇气和希望，也释放出新的生命。

凡是能够保持思想正确的人，都能够用希望取代绝望，用勇气取代胆怯，用决心和坚定取代犹豫和怀疑。凡是将头脑中充满友好的思想，充满乐观、勇敢、希望的思想，从而把成功之敌挡在门外的人，都比那些爱发脾气，被忧郁、沮丧、怀疑所奴役的人，具有巨大的优势。这样的人哪怕只有五项才能，也比那些不能控制坏脾气的拥有十项才能的人更有成就。

我们人生产出的价值在很大程度上取决于一种度，也就是我们在何种程度上能够保持自身和谐，对那些通过摩擦能够湮灭人性冲动、抵消效率的东西，我们又能在何种程度上将它们排斥在大脑之外。

有一个观点你不承认也得承认，那就是：上帝是照着完美、大爱、美丽和整洁的形象创造了你，是要你表现上述这些品质，而不是相反的品质。对自己说："每一次憎恨、恶毒、报复、沮丧和自私的念头进入头脑时，都会给我造成伤害。这是给我自己的一记重击，给我心灵的平静、我的幸福和效率带来致命的伤害。这些敌对的思想妨碍了我人生的进步，我必须立刻将它们消灭，利用它们的对头来中和它们的影响。"

不论是恐惧、焦虑、担心、害怕、嫉妒还是自私，凡是会破坏生活之美之和谐的，都应当被视为死敌，必须加以驱逐。

焦虑、担心、妒忌、坏脾气，这都是头脑生病的征兆，既可能是急性的，也可能是慢性的。任何的不和谐、不开心都表明你身体出了问题。

我们总有一天会认识到，愤怒会扭曲和破坏脆弱的神经系统，所以，每一次发脾气，每一个仇恨和复仇的念头，每一次自私、恐惧和焦虑，哪怕只是不和谐的想法在头脑中一闪而过，都会在生活中留下不可磨灭的印记，都会影响到事业。

当因为焦虑、愤怒、报复或者妒忌而产生违和之感时，你也许就会知道这些玩意儿正以可怕的速度，虚耗你的精力，浪费你的活力，这些损失不仅没有好处，而且磨损脆弱的神经系统，导致早衰。焦虑、恐惧、自私，全都虎视眈眈，毒害血液和大脑，破坏和谐和成效。另外，相反的思想也恰好产生相反的结果。它们抚慰而不是激怒我们，增加效率，增强大脑的力量。只需要五分钟，火暴的脾气就会给身体各部分的细胞带来灾难，而要消除这些伤害，却需要几个星期、几个月甚至几年的时间。恐惧、巨大的惊恐，曾让很多人一夜白头，一下子变老。

所以，当我们意识到这些情感以及各种兽性冲动会使人能力丧失，做出不理智的事情来，意识到它们会给精神带来伤害和灾难，意识到其丑陋和畸形会外显，造成肉体的痛苦时，我们就会像躲避瘟疫一样，学会躲避它们。

就像黑暗并非实际存在，只不过是没有光而已，我们身上一切不和谐的东西也只不过是神圣和谐的阙如。有一天，一切不和谐都会在和谐之中丧失，被中和。

爱、善意、慷慨，都会唤醒我们最珍贵的情感。它们赋予生命，提升品质，它们带来健康、和谐和力量。它们全都有利于保持正常状态，让我们与上帝同步。

假如我们能够捍卫大脑的完整，让它不受敌人——邪恶的思想和想象的破坏，我们就解决了科学生活的问题。训练有素的大脑在任何情况下都会发出和谐之音。

每个人都可以打造自己的世界，建设自己的环境。他可以让自己的世界充满困难、恐惧、怀疑、绝望和郁闷，这样将使整个人生也变得郁闷和绝望。当然，他也可能将这些郁闷、妒忌和恶意的思想驱逐出去，从而让环境清新、透明、甜蜜。

坚持长久、不朽的思想，一切纷扰都会烟消云散。当大脑处于创造状态时，一切负面的东西——所有的阴影和纷扰，都会逃之夭夭，纷扰与和谐不共戴天。如果你坚守和谐，纷乱就进不了大脑；如果你坚持真理，错误就会望风而逃。

译后记

终于完稿了。当敲完正文的最后一个字时，一种喜悦油然而生，同时也有一种如释重负的感觉。当初接受约稿时，本以为很快就会完成，却没想到一直拖延至今。说实在的，原文并不难，但是在这期间，由于种种干扰，翻译时断时续，所以所花费的时间比预想中要长得多，其过程可以说是“痛并快乐着”。快乐是因为我喜欢翻译，喜欢这种再创作的感觉。不过更多的却是痛苦。翻译本身就是很煎熬的事，很多时候不得不为寻找一个合适的词语而苦思冥想。不过苦思冥想并不一定能够得到想要的词语，有时候绞尽脑汁却一无所获，那种痛苦非言语可以形容。翻译还是个体力活，时间漫长，不仅消耗脑力，也消耗体力。所以，做好翻译，不仅需要耐心，也需要体力。庆幸的是，这一切都结束了。

《投资自我》是马登的系列励志书之一，自问世以来，曾影响过无数读者。马登用词简单、明晰，所以本书具有很强的可读性。但是简单并不意味着简陋，相反，马登非常善用比喻，尤其是在谈论伦理道德时，大自然中常见的事物如山岩、溪流、树木等是信手拈来，使得马登的作品不仅具有深度，而且具有诗意。

作为一本经典的畅销书，我们该如何去翻译？首先，不能违背作者的原意。其次，尽量保留原作的可读性。这两点就是本书翻译过程中的目标，至于是否成功，则有待于读者检验。此外，马登的读者对象毕竟所处的环境、所受的教育，都与我们大相径庭。所以，书中的很多名言和事例对西方人来说，也许很熟悉，但是对中国读者来说，可能有些陌生。为此，译者在译文中进行了适当的注释（第十章、第十一章开列的书单中，有大量的作品及作家，除了少数可能会引起误解的外，未一一进行注释），以减轻读者的阅读困难。书中的人名、地名尽可能按照通俗的译法进行翻译，不别出心裁。

张　璘

图书在版编目（CIP）数据

投资自我：锻造一生的资本，成就最好的自己 /（美）奥里森·马登（Orison Marden）著；张璘译 . —3 版 . —北京：中国法制出版社，2022. 4（2023.10重印）
书名原文：Self-investment
ISBN 978-7-5216-2571-4

Ⅰ. ①投… Ⅱ. ①奥…②张… Ⅲ. ①成功心理-通俗读物 Ⅳ. ①B848. 4-49

中国版本图书馆 CIP 数据核字（2022）第 050758 号

策划编辑：杨　智（yangzhibnulaw@ 126. com）
责任编辑：马春芳　　　　封面设计：汪要军

投资自我：锻造一生的资本，成就最好的自己
TOUZI ZIWO：DUANZAO YISHENG DE ZIBEN，CHENGJIU ZUIHAO DE ZIJI

著者/（美）奥里森·马登（Orison Marden）
译者/张　璘
经销/新华书店
印刷/三河市国英印务有限公司
开本/710 毫米×1000 毫米　16 开　　　　印张/12. 25　字数/108 千
版次/2022 年 4 月第 3 版　　　　2023 年 10 月第 2 次印刷

中国法制出版社出版
书号 ISBN 978-7-5216-2571-4　　　　定价：39. 80 元

北京市西城区西便门西里甲 16 号西便门办公区
邮政编码：100053　　　　传真：010-63141600
网址：http：//www. zgfzs. com　　　　**编辑部电话：010-63141822**
市场营销部电话：010-63141612　　　　**印务部电话：010-63141606**

（如有印装质量问题，请与本社印务部联系。）